青少年学

Python 编程
从入门到精通

视频
案例版

贾炜◎编著

北京理工大学出版社

BEIJING INSTITUTE OF TECHNOLOGY PRESS

内 容 简 介

Python 是当下热门、流行的编程语言之一，不仅有着非常广泛的应用，而且由于其学习门槛较低，易编易学，也非常适合广大中小学生和青少年学习。本书以"青少年学 Python 编程"为线索，通过浅显易懂的语言及生动形象的典型案例进行讲解，内容安排由浅入深，层层递进。

全书共 15 章，从零开始，系统地讲解青少年学习 Python 编程的相关知识。每章都精心安排了编程示例，让读者从理解知识轻松过渡到应用知识，达到学以致用的目的。通过对本书内容的学习，旨在帮助广大青少年锻炼逻辑思维，培养分析问题、解决问题的能力。

本书非常适合中小学生学习阅读，尤其适合 10 岁以上的孩子或者他们的父母和老师辅导孩子学习编程使用。本书也可作为广大少儿编程培训机构、少儿编程兴趣班的教材参考用书。

图书在版编目（CIP）数据

青少年学Python编程从入门到精通：视频案例版 / 贾炜编著. --北京：北京理工大学出版社，2022.1（2023.10重印）
　　ISBN 978-7-5763-0905-8

　　Ⅰ.①青…　Ⅱ.①贾…　Ⅲ.①软件工具 – 程序设计 – 青少年读物　Ⅳ.①TP311.561-49

中国版本图书馆CIP数据核字（2022）第015482号

责任编辑： 多海鹏　　　　**文案编辑：** 多海鹏
责任校对： 周瑞红　　　　**责任印制：** 李志强

出版发行 / 北京理工大学出版社有限责任公司
社　　址 / 北京市丰台区四合庄路 6 号
邮　　编 / 100070
电　　话 /（010）68944451（大众售后服务热线）
　　　　　　（010）68912824（大众售后服务热线）
网　　址 / http：//www.bitpress.com.cn

版 印 次 / 2023 年 10 月第 1 版第 2 次印刷
印　　刷 / 三河市中晟雅豪印务有限公司
开　　本 / 787 mm × 1000 mm　1/16
印　　张 / 20
字　　数 / 466千字
定　　价 / 89.00 元

前 言

随着移动互联网和人工智能的发展，我们越来越多的时间被计算机占据，例如看视频、浏览新闻、玩游戏，没有更多的机会进行创作，而编程则给了我们创作的机会，让设备成为工具，让我们的定位从消费者变成创造者，实现自己的创意，影响并改变社会。从智力开发上来说，学编程不意味着将来就要从事计算机编程工作，通过学习编程能够开拓青少年的逻辑思维能力，提高想象力和专注力。

总体来说，在工业时代，我们使用文字、绘画和图片表达心中的想法与创意；在互联网时代，编程将成为我们想象力、创造力最直观的表达窗口。因此，学习编程的目的并不是培养技能和未来的程序员，而是要懂得如何使用科技表达自己的创意。

本书内容

本书作者多年从事青少年编程教育工作，具有丰富的实战经验和教学经验。本书内容从零开始，涉及 Python 编程基础知识、数据运算、判断与循环、函数、GUI 图形化编程、数据可视化、项目实战等内容。具体内容安排与结构如下。

本书特色

本书在写作方式上结合作者一线的教学实践，以"理论＋示例＋案例"的方式展开，每个知识点都结合相关示例进行讲解，让读者能够轻松掌握 Python 的编程知识。同时书中安排了 27 个案例，讲解所学内容的应用。最后通过飞机大战游戏编程的项目实战，让读者掌握 Python 编程的综合应用。

配套学习资源下载说明

本书为读者提供了以下配套学习资源，读者可下载和使用。

（1）书中所有案例的源代码，方便读者参考学习、优化修改和分析应用。

（2）相关案例的视频教程，可以扫码观看相关案例的视频讲解。

（3）PPT 课件。

本书既可以作为青少年学习 Python 编程的自学用书，也可以作为家长辅导孩子的学习用书，同时可以作为广大青少年编程教育学校、培训机构的教材参考用书。为了方便老师教学，本书提供了 PPT 课件。

相关资源的下载方法如下：

以上资料扫描下方二维码，关注公众号，输入"pybc01"，即可获取配套资源下载方式。

本书由贾炜老师编写，其从事青少年编程教育工作多年，具有丰富的实战经验和教育经验，在此对贾炜老师的辛苦付出表示感谢。另外，由于计算机技术发展较快，书中疏漏和不足之处在所难免，恳请广大读者指正。

读者信箱：2315816459@qq.com

读者学习交流 QQ 群：535212312

目 录

第 4 章　让程序按条件执行：关系运算与程序的判断 ································· **50**

第 5 章　让程序重复执行：有限循环与无限循环 ·································· **65**

第 10 章 琢磨不透的随机数：random 模块 158

第 11 章 程序的运行保障：异常处理与文件 / 目录的操作 170

第 15 章　项目实战：飞机大战游戏编程.. 260

第 1 章

人工智能必学语言：

Python 语言

📖 **本章导读**

　　Python 是一门计算机编程语言，目前在人工智能科学领域被广泛应用。各种库及相关联的框架都是以 Python 作为主要语言开发的。

扫一扫，看视频

1.1 认识 Python 语言

Python 的创始人是吉多·范罗苏姆（Guido van Rossum）。1989 年的圣诞节期间，吉多为了打发在阿姆斯特丹无聊的假期，决心开发一个新的脚本解释程序，作为 ABC 语言的继承。

ABC 是由吉多参加设计的一种教学语言，就吉多本人看来，ABC 语言非常优美和强人，是专门为非专业程序员设计的。但是 ABC 语言并没有成功，究其原因，吉多认为是其非开放的特性造成的。吉多决心在 Python 中避免这一错误，并获取了非常好的效果。之所以选中 Python（蟒蛇）作为程序的名字，是因为他是 BBC 电视剧——蒙提·派森的飞行马戏团（Monty Python's Flying Circus）的爱好者。

1.1.1 解释性语言与解释器

计算机不能直接理解任何除机器语言以外的语言，所以必须把程序员所写的程序翻译成机器语言，计算机才能执行程序。将其他语言翻译成机器语言的工具称为编译器。

编译器的翻译方式有两种：一个是编译；另一个是解释。两种方式之间的区别在于，翻译时间点不同。当编译器以解释方式运行时，也称为解释器。

- 编译型语言：程序在执行之前需要一个专门的编译过程，把程序编译成为机器语言的文件，运行时不需要重新翻译，直接使用编译的结果就行了。程序执行效率高，但依赖编译器，故跨平台性会差一些。如 C、C++ 语言就是编译型语言。
- 解释型语言：程序不进行预先编译，而是以文本的方式存储程序代码，会将代码一句一句直接运行。在发布程序时，看起来省了编译这一步，但是在运行程序时，必须先解释再运行。

编译型语言和解释型语言的区别在于，编译型语言比解释型语言的执行速度快，解释型语言比编译型语言的跨平台性好。

1.1.2 Python 语言的设计目标

1999 年，Python 之父吉多·范罗苏姆说明了他开发 Python 的设计目标：
- 一门简单直观的语言，与主要竞争者一样强大。
- 开源，以便任何人都可以为它做贡献。
- 代码像纯英文那样容易理解。
- 适用于短期开发的日常任务。

这些想法现在基本已经成为现实，Python 已经成为一门非常流行的编程语言。

1.1.3 Python 语言的设计哲学

Python 开发者的哲学是：用一种方法，最好是只有一种方法来做一件事，如果面临多种选择，Python 开发者一般会拒绝花哨的语法，而选择明确没有或者很少有歧义的语法。在 Python 社区，吉多被称为"仁慈的独裁者"。简单地说，Python 语言的设计哲学是：优雅、明确、简单。

1.1.4　Python 语言的版本

目前市场上有两种 Python 版本，分别是 Python 2.x 和 Python 3.x。为了不带入过多的累赘，Python 3.x 在设计时没有考虑向下兼容，许多早期 Python 版本设计的程序都无法在 Python 3.x 上正常执行。

小提示

建议先使用 Python 3.x 进行程序开发，如果 Python 3.x 无法正常执行程序，这时可以使用 Python 2.x 执行，并且做一些兼容性的处理。

1.1.5　Python 语言的应用

Python 语言先天的优势、发展速度之快，使得其应用领域越来越广。下面简要介绍 Python 语言主要的几种应用领域及相关框架。

1. Web 方面的应用

（1）Django：最著名的一个框架，采用 MVC 架构，一个大而全的后台管理系统。只需建立 Python 类与数据库表之间的映射关系，就能自动生成对数据库的管理功能。

（2）Flask：一个用 Python 编写的轻量级 Web 应用框架，没有太多的复杂功能，安装后即用，上手快。

2. 爬虫方面的应用

（1）Requests：一个易于使用的 http 请求库，主要用来发送 http 请求，如 get/post/put/delete 等，Beautifulsoup 是一个网页解析工具，两者搭配使用，可以以最低的成本完成爬虫开发和数据提取。

（2）Scrapy：一个快速的、高层次的 Web 抓取框架，利用简洁的 xpath 语法从页面中提取结构化数据。Scrapy 用途广泛，可用于自动化测试、检测、数据挖掘等。

3. 科学计算方面的应用

（1）NumPy：可以用来存储和处理大型矩阵，比 Python 自身的嵌套列表（nested list structure）结构要高效得多，多用在数值计算场景。

（2）Pandas：一个基于 NumPy 的工具，该工具主要用于解决数据分析任务。Pandas 本身引入了大量计算库和一些标准的数学模型，并提供了高效操作大型数据集所需的工具。Pandas 广泛用于金融、神经科学、统计学、广告学、网络缝隙等领域。

（3）Matplotlib：一个 Python 的 2D 绘图库，它以各种硬拷贝格式和跨平台的交互式环境生成高质量图形。开发者仅需要几行代码，便可以通过 Matplotlib 生成绘图、直方图、功率谱、条形图、错误图、散点图等图形。

4. 人工智能方面的应用

在人工智能领域，Python 几乎处于绝对的领导地位，Pipenv、PyTorch、Caffe2、Dash、Sklearn 等都是在 Github 上非常流行的机器学习库。还有大名鼎鼎的深度学习框架 TensorFlow，接近一半的功能是通过 Python 进行开发的。

1.2 IDLE 的下载与安装

每种编程语言都有自己的开发工具，本节将介绍 Python 开发工具 IDLE 的安装与使用。

IDLE 是开发 Python 程序的基本 IDE（集成开发环境），它具备 IDE 的基本功能，是进行非商业 Python 开发的不错选择。安装 Python 后，IDLE 就会自动安装，不需要另外安装其他工具。

1.2.1 IDLE 的下载

第 1 步：进入 Python 官网 https://www.python.org/，主页如图 1-1 所示。单击 Downloads 菜单，即可进入下载页面。

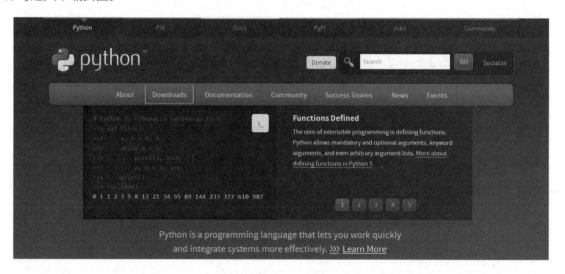

图 1-1　Python 官网主页

第 2 步：单击 Download Python 3.8.1 按钮，如图 1-2 所示，进入 Python 版本选择页面。

图 1-2　Python 下载页面

第 3 步：进入 Python 版本选择页面后，选择需要下载的安装包类型，在此选择 Windows 64 位版本（Windows x86–64 executable Installer），如图 1–3 所示，单击该选项后选择下载目录，即可开始下载 Python 的安装包。

Files

Version	Operating System	Description	MD5 Sum	File Size	GPG
Gzipped source tarball	Source release		f215fa2f55a78de739c1787ec56b2bcd	23978360	SIG
XZ compressed source tarball	Source release		b3fb85fd479c0bf950c626ef80cacb57	17828408	SIG
macOS 64-bit installer	Mac OS X	for OS X 10.9 and later	d1b09665312b6b1f4e11b03b6a4510a3	29051411	SIG
Windows help file	Windows		f6bbf64cc36f1de38fbf61f625ea6cf2	8480993	SIG
Windows x86-64 embeddable zip file	Windows	for AMD64/EM64T/x64	4d091857a2153d9406bb5c522b211061	8013540	SIG
Windows x86-64 executable installer	Windows	for AMD64/EM64T/x64	3e4c42f5ff8fcdbe6a828c912b7afdb1	27543360	SIG
Windows x86-64 web-based installer	Windows	for AMD64/EM64T/x64	662961733cc947839a73302789df6145	1363800	SIG
Windows x86 embeddable zip file	Windows		980d5745a7e525be5abf4b443a00f734	7143308	SIG
Windows x86 executable installer	Windows		2d4c7de97d6fcd8231f3cdecbf8abf79	26446128	SIG
Windows x86 web-based installer	Windows		d21706bdac544e7a968e32bbb0520f51	1325432	SIG

图 1-3　Python 版本选择页面

1.2.2　IDLE 的安装

下载 IDLE 的安装程序后就可以开始安装了，具体方法如下。

第 1 步：双击安装包文件，打开安装界面即可安装。注意，先勾选下方的 Install launcher for all users (recommended) 和 Add Python 3.8 to PATH 两个复选框，然后单击 Install Now 选项，如图 1–4 所示。

第 2 步：软件自动进行安装，如图 1–5 所示。

图 1-4　IDLE 安装界面

图 1-5　安装过程

第 3 步： 安装完成后，单击 Close 按钮，关闭安装界面，如图 1-6 所示。

图 1-6　完成安装

1.3　IDLE 的使用

打开 IDLE 软件，会出现一个增强的交互命令行解释器窗口，称为交互模式或者 Shell 模式。除此之外，还有一个针对 Python 的编辑器，类似浏览器和调试器，称为文本模式。

1.3.1　Shell 模式

单击计算机中的"开始"菜单，选择"所有程序"选项，找到 Python 3.8 文件夹，单击展开 Python 3.8 文件夹，选择 IDLE（Python 3.8 64-bit）选项即可打开 IDLE，如图 1-7 所示。

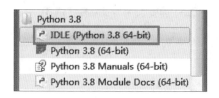

图 1-7　选择 IDLE 选项

单击打开 IDLE 后，可以看到如图 1-8 所示的界面，表明已经成功启动 IDLE 软件。IDLE 的默认启动界面为 Python Shell，这就是交互模式，也称为 Shell 模式。

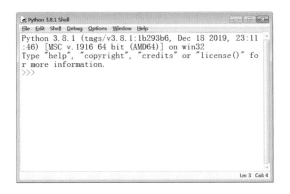

图 1-8　交互模式界面

1.3.2　文本模式

交互模式一般针对简短程序的测试，不能保存程序，不适合有较长代码的程序，所以大多数时间是在使用文本模式。接下来介绍 IDLE 软件的文本模式。

第 1 步：启动 IDLE 软件后，单击菜单栏的"File"菜单，然后选择"New File"命令，新建一个文本，如图 1-9 所示。

第 2 步：弹出一个新的窗口，如图 1-10 所示，可以在这里编写程序。

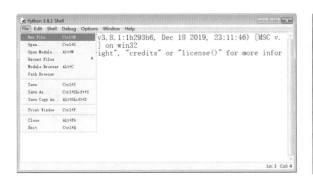 

图 1-9　选择"New File"命令　　　　图 1-10　新建的空文本窗口

第 3 步：在图 1-10 所示的空文本窗口中输入一段程序，如图 1-11 所示。

第 4 步：编写程序以后，需要保存程序。单击菜单栏的"File"菜单，然后选择"Save As"命令，弹出"另存为"对话框，如图 1-12 所示。

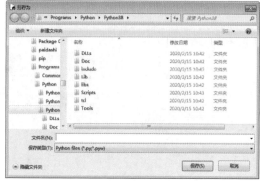

图 1-11　编写程序　　　　　　　　　　　　　　图 1-12　保存程序

第 5 步： 选择文件的保存位置，并输入文件名。这里选择将文件保存到桌面上，并将程序文件命名为"hello"，单击"保存"按钮，如图 1-13 所示。

图 1-13　重命名程序并保存

第 6 步： 保存程序文件后，就可以运行程序了。单击菜单栏的"Run"菜单，再选择"Run Module"命令后，弹出一个新的窗口，这就是程序的运行界面，可以看到输出"hello,python!"，程序运行结果如图 1-14 所示。

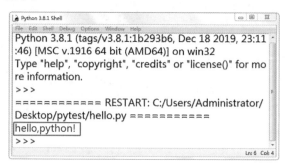

图 1-14　程序运行结果

总结与练习

【本章小结】

通过对本章内容的学习，认识了 Python 语言的特点，以及使用领域与前景，还掌握了 Python 的开发工具 IDLE 的下载、安装与基本使用方法。

【巩固练习】

使用 print 函数，在文本模式下编写一段程序，输出字符串"人生苦短，我用 python！"。

● **目标要求**

通过编程练习，掌握 IDLE 软件的基本使用方法和流程，学会编写、保存和运行程序。同时掌握 print 函数的使用方法和作用。

● **编程提示**

程序与图 1-11 类似，稍加修改 print 函数中的内容即可。

第2章

新手快速入门：
Python 的基本语法 / 语句

📖 **本章导读**

　　学习 Python 语言，和学习汉语、英语一样，都需要先了解该语言的基本语法。Python 的基本语法 / 语句包括：变量的定义与使用，赋值语句、输入与输出函数的使用，程序格式、注释等。下面就一起来学习吧！

扫一扫，看视频

2.1 变量的概念

变量来源于数学，是计算机语言中能存储计算结果或能表示值的抽象概念。变量可以通过变量名访问。在 Python 语言中，变量值通常是可变的。

2.1.1 变量的作用

在 Python 程序中，所有符号、数字、字母、文字等统称为数据。Python 程序就是由这些数据按照一定的语法规则组成的。在一个完整的程序中有很多数据，为了更方便地使用这些数据，要给这些数据取名字。简单地讲，变量就是数据的名字，并且存放数据，通过不同的变量名来区别不同的数据。

2.1.2 变量的命名

1. 命名的规范性

● 变量名可以包括字母、数字、下画线，但是数字不能作为开头。例如，a1 是合法的变量名，而 1a 就不合法。

● Python 系统自带的关键字不能作为变量名使用。

● 除了下画线之外，其他符号不能作为变量名使用。

● Python 的变量名是区分大小写的。

2. 驼峰命名法

● 大驼峰：每个单词的首字母都大写，如 FirstName，LastName。

● 小驼峰：第一个单词以小写字母开始，后续单词的首字母大写，如 firstName，lastName。

2.1.3 变量的定义

在 Python 语言中，变量应该遵循先定义后使用的原则。变量名只有在第一次出现时，才是定义变量；再次出现时，不是定义变量，而是直接使用之前定义的变量。

【示例 2-1】

在 Shell 模式下输入如下程序：

```
1.   >>> a = 2020
```

【代码解析】

第 1 行：定义一个变量 a，并赋值为 2020。

2.2 变量的使用

Python 中的变量类型由变量的值决定，即由变量中存放的数据决定。变量中存放的是什么类型的数据，则其就是什么类型的变量。

2.2.1　赋值语句

如何在变量中存放数据呢？在编程语言中，一般使用赋值号"="完成对变量的赋值，即把等号右边的数据赋值给等号左边的变量名。

【示例 2-2】

在 Shell 模式下输入如下程序：

```
1.   >>> a = 2020
2.   >>> a
3.   2020
```

【代码解析】

第 1 行：通过 a=2020 语句将整数 2020 赋值给变量 a。

第 2 行：输入变量名 a，按 Enter 键后，程序的第 3 行输出数据 2020。可见，数据 2020 已经成功赋值给了变量 a。

2.2.2　变量的类型

Python 中的基本数据类型有整数类型、浮点数类型、字符串类型、布尔类型，变量的类型无非也就这 4 种。各数据类型的详细说明请参考第 3 章的内容。

2.2.3　查看变量类型

很多时候人们并不清楚变量中存放的值，那么该如何知道这个变量的类型呢？ Python 中提供了 type 函数，通过 type 函数可以查看变量的类型。

【示例 2-3】

在 Shell 模式下输入如下程序：

```
1.   >>> a1 = 1314
2.   >>> type(a1)
3.   <class 'int'>
4.   >>> a2  ="hello world"
5.   >>> type(a2)
6.   <class 'str'>
7.   >>> a3 = 3.1415926
8.   >>> type(a3)
9.   <class 'float'>
10.  >>> a4 = True
11.  >>> type(a4)
12.  <class 'bool'>
```

【代码解析】

程序中共定义了 4 个变量 a1、a2、a3、a4，分别给它们赋值不同类型的数据，通过 type 函数可以看出这 4 个变量的类型分别为 int、str、float、bool。

2.3 print 函数

print 函数用于打印输出，是编程中最常见的一个函数。print 函数可以输出变量的值，如整数、浮点数、字符串等。print 函数的语法见表 2-1。

表 2-1　print 函数的语法

项　目	语法说明
函　数	print(*objects, sep=' ', end='\n', file=sys.stdout, flush=False)
参　数	objects：复数形式,表示一次可以输出多个对象。输出多个对象时,需要用逗号（,）分隔。 sep：用来间隔多个对象，默认值是一个空格。 end：用来设定以什么结尾。默认值是换行符 \n，可以换成其他字符串。 file：要写入的文件对象。 flush：输出是否被缓存，通常取决于 file。如果 flush 关键字设为 True，则输出流会被强制刷新
返回值	无

2.3.1　使用 print 函数输出变量的值

在 IDLE 中，除了在 Shell 模式直接输入变量名来查看变量的值以外，还可以使用 print 函数查看变量的值。

【示例 2-4】

在 Shell 模式下输入如下程序：

```
1.  >>> a = 2020
2.  >>> a
3.  2020
4.  >>> print(a)
5.  2020
```

【代码解析】

在 Shell 模式下，第 2、3 行直接输入变量名后，按 Enter 键，输出了变量 a 的值；第 4、5 行使用 print 函数，也成功输出了变量 a 的值。

2.3.2　换行输出

print 函数默认是换行输出的，意思是，调用一次 print 函数就输出一行，再次调用就会换行输出。

【示例 2-5 】

在文本模式下输入如下程序：

```
1.   print(" 第一行 ")
2.   print(" 第二行 ")
3.   print(" 第三行 ")
```

【代码解析】

使用 print 函数，编写三行输出语句。

【程序运行结果】

程序运行结果如图 2-1 所示，可以看出程序输出了三行字符串。由此可知，在 print 函数中只填写要输出的字符串时，默认是换行输出的。

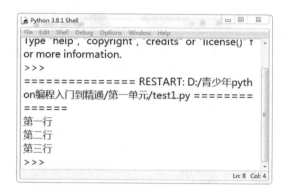

图 2-1　换行输出

2.3.3　不换行输出

怎么让 print 函数的输出结果不换行呢？很简单，只需在 print 函数中添加一个参数 end，并给它赋上相应的值即可。

【示例 2-6 】

在文本模式下输入如下程序：

```
1.   print(" 第一行 ",end="")
2.   print(" 第二行 ",end="")
3.   print(" 第三行 ",end="")
```

【代码解析】

在 2.3.2 节示例 2-5 的基础上，给 print 函数添加了参数 end，并给 end 赋值一个空字符串。

【程序运行结果】

程序运行结果如图 2–2 所示，程序代码虽然还是 3 行，但输出没有换行，只有 1 行。

图 2-2　不换行输出

小提示

在图 2-2 中，3 行代码的输出结果紧紧相连，能不能用逗号把它们分隔开呢？答案是肯定的，只需设置参数 end 的值为逗号 (,) 即可；如果想用其他符号，也只需把想要的符号赋值给参数 end 即可。

案例 2-1：输出九九乘法表

【案例说明】

图 2–3 所示为一个九九乘法表，呈阶梯形状，该表就是使用 print 函数编程实现的。

```
1 * 1 = 1
1 * 2 = 2  2 * 2 = 4
1 * 3 = 3  2 * 3 = 6  3 * 3 = 9
1 * 4 = 4  2 * 4 = 8  3 * 4 = 12  4 * 4 = 16
1 * 5 = 5  2 * 5 = 10  3 * 5 = 15  4 * 5 = 20  5 * 5 = 25
1 * 6 = 6  2 * 6 = 12  3 * 6 = 18  4 * 6 = 24  5 * 6 = 30  6 * 6 = 36
1 * 7 = 7  2 * 7 = 14  3 * 7 = 21  4 * 7 = 28  5 * 7 = 35  6 * 7 = 42  7 * 7 = 49
1 * 8 = 8  2 * 8 = 16  3 * 8 = 24  4 * 8 = 32  5 * 8 = 40  6 * 8 = 48  7 * 8 = 56  8 * 8 = 64
1 * 9 = 9  2 * 9 = 18  3 * 9 = 27  4 * 9 = 36  5 * 9 = 45  6 * 9 = 54  7 * 9 = 63  8 * 9 = 72  9 * 9 = 81
```

图 2-3　九九乘法表

【案例编程】

可以看出，第一个乘数相同的等式在同一列，第二个乘数相同的等式在同一行。因为是使用 print 函数进行输出的，所以考虑第二个乘数相同时 print 函数不换行，第二个乘数不相同时 print 函数换行。在文本模式下编写出九九乘法表，程序如下所示：

```
1.   for i in range(1,10):
2.       for j in range(1,i+1):
3.           print(j,"*",i,"=",i*j,end="  ")
4.       print()
```

【代码解析】

该程序使用两重 for 循环完成，for 循环的详细讲解可以参考第 5 章的内容，这里只需关注 print 函数的使用。注意该程序的逻辑层次关系，有关程序的缩进问题请参考 2.5 节的内容。

第 1 行：使用 for 循环遍历产生第二个乘数。

第 2 行：使用 for 循环遍历产生第一个乘数。

第 3 行：使用 print 函数输出等式，并且不换行。

第 4 行：使用 print 函数实现换行。

2.4 input 函数

在程序中，输入和输出是一对"孪生兄弟"，有输出函数就一定会有输入函数。Python 中提供的输入函数是 input，input 函数从键盘获取输入，并将运算结果返回。input 函数的语法见表 2-2。

表 2-2 input 函数的语法

项　　目	语法说明
函　　数	input([prompt])
参　　数	Prompt：提示信息
返回值	无

2.4.1 不带提示信息的输入

input 函数只有一个参数，即提示信息，提示信息可以不写。需要注意的是，凡是通过 input 函数输入的数据都默认为字符串类型，具体讲解请参考第 3 章的内容。

【示例 2-7】

模拟登录 QQ 时，输入 QQ 号码和密码。在文本模式下输入如下程序：

```
1.   account = input()
2.   password = input()
3.   print(" 你的号码是：",account)
4.   print(" 你的密码是：",password)
```

【代码解析】

第 1 行：使用 input 函数获取用户输入的 QQ 号码，并把输入内容赋值给变量 account。

第 2 行：使用 input 函数获取用户输入的 QQ 密码，并把输入内容赋值给变量 password。

第 3 行：使用 print 函数输出 account。

第 4 行：使用 print 函数输出 password。

【程序运行结果】

程序运行结果如图 2-4 所示。程序正在等待用户输入 QQ 号码，但任何提示信息都没有，用户根本不知道现在该怎么办。这样的程序虽然没错，但是用户体验非常不好。

图 2-4　示例 2-7 的程序运行结果

2.4.2　带提示信息的输入

在示例 2-7 中，输入不带任何提示信息，用户体验非常不友好。该如何改进示例 2-7 的程序呢？图 2-5 所示为 QQ 软件的登录界面，非常清晰地提示用户输入 QQ 号码和密码。

图 2-5　QQ 登录界面

【示例 2-8】

把提示信息写入程序中，在文本模式下输入如下程序：

```
1.   account = input(" 请输入 qq 号码: ")
2.   password = input(" 请输入 qq 密码: ")
3.   print(" 你的号码是: ",account)
4.   print(" 你的密码是: ",password)
```

【代码解析】

与示例 2-7 的程序基本一样，只是在 input 函数中多了提示信息。

【程序运行结果】

运行程序，输出"请输入 qq 号码:"的提示信息，如图 2-6 所示。

根据提示信息输入 qq 号码，在此输入 qq 号码 123456789，如图 2-7 所示。

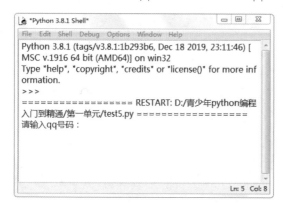

图 2-6　提示输入 qq 号码　　　　　　　　　图 2-7　输入 qq 号码

输入 qq 号码后，按 Enter 键，程序又提示输入 qq 密码，如图 2-8 所示。

继续输入 qq 密码，在此输入密码 python，如图 2-9 所示。

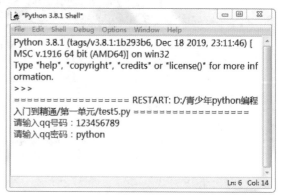

图 2-8　提示输入 qq 密码　　　　　　　　　图 2-9　输入 qq 密码

输入 qq 密码后，按 Enter 键，程序输出两行信息，即刚刚输入的 qq 号码和密码，如图 2-10 所示。

图 2-10　输出 qq 号码和密码

通过示例 2-8 不难发现，带提示信息的输入比不带提示信息的输入更具人性化，对用户更加友好。用户体验也是衡量一款软件好坏的重要指标。

案例 2-2：输出指定字符组成的图案

在前面 2.3.3 节中，使用 print 函数输出了九九乘法表。print 函数还可以输出由字符组成的图形。

【案例说明】

本案例中，通过输入函数和输出函数的使用，完成输入一个字符，输出由该字符组成的菱形图案。先看程序运行结果，如图 2-11 所示。运行程序后，提示输入一个字符，在此输入 "*" 字符，输入完成后按 Enter 键，接着程序输出由 "*" 组成的菱形。

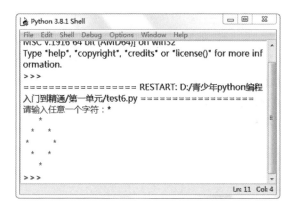

图 2-11　案例 2-2 的程序运行结果（1）

再次运行该程序，如图 2-12 所示，输入大写字母 A，输入完成后按 Enter 键，接着程序输出了由大写字母 A 组成的菱形。

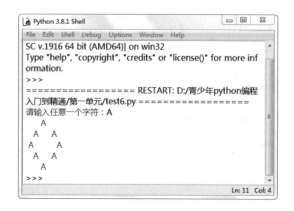

图 2-12 案例 2-2 的程序运行结果（2）

【案例编程】

根据本案例的程序运行结果，输入任意一个字符后，程序就输出由该字符组成的菱形。由此可见，输入的字符是存放在变量中的。输入完成后，使用 print 函数输出该变量和适当的空格，就可以完成菱形图案的输出。在文本模式下输入如下程序：

```
1.  c = input("请输入任意一个字符：")
2.  print("      ",c)
3.  print("  ",c,"    ",c)
4.  print("",c,"        ",c)
5.  print("  ",c,"    ",c)
6.  print("      ",c)
```

【代码解析】

第 1 行：使用 input 函数获取用户输入的字符，并赋值给变量 c。

第 2 行：使用 print 函数输出由变量 c 组成的菱形图案，注意字符串有 5 个空格。

第 3 行：使用 print 函数输出由变量 c 组成的菱形图案，注意变量 c 前面各有 2 个空格。

第 4 行：使用 print 函数输出由变量 c 组成的菱形图案，注意第一个字符串没有空格，第二个字符串有 7 个空格。

第 5 行：使用 print 函数输出由变量 c 组成的菱形图案，注意变量 c 前面各有 2 个空格。

第 6 行：使用 print 函数输出由变量 c 组成的菱形图案，注意字符串有 5 个空格。

【程序运行结果】

编写程序后运行，在此输入字符"*"，按 Enter 键后，输出了由"*"组成的菱形图案，如图 2-13 所示。

图 2-13　案例 2-2 的程序运行结果（3）

2.5　程序的编码规范

Python 是一种计算机编程语言。计算机编程语言和日常使用的自然语言有所不同，最大的区别在于，自然语言在不同的语境下有不同的理解，而计算机要根据编程语言执行任务，就必须保证编程语言写出的程序不能有歧义。任何一种编程语言都有自己的一套语法，需通过编译器或者解释器把符合语法规范的程序代码转换成 CPU 能够执行的机器码，才能执行。Python 也不例外。

2.5.1　程序的缩进

在 Python 程序中，行与行之间不需要像 C 语言那样使用逗号，Python 程序不使用任何符号，而是直接换行。使用缩进表示程序之间的逻辑层次关系，常见的有两种缩进方式：空格缩进与 Tab 键缩进。

【示例 2-9】

相同逻辑层次的程序之间需要保持相同的缩进。例如，以下 3 行代码属于同一逻辑层次，因此它们需要保持相同的缩进，否则运行时程序会报错。

```
1.   print("hello1")
2.   print("hello2")
3.   print("hello3")
```

【示例 2-10】

不同逻辑层次关系的程序之间需要缩进。":"标记一个新的逻辑层，增加缩进时进入下一个逻辑层，减少缩进时返回上一个逻辑层。例如，在以下 5 行代码中，第 1～3 行属于同一逻辑层次，因此需要保持相同的缩进，左对齐；第 4 和 5 行属于同一逻辑层次，也需要保持相同的缩进，左对齐。但是第 1～3 行与第 4 和 5 行不属于同一逻辑层次，使用不同的缩进加以区分。

```
1.   A = 1
2.   B = 2
3.   if(A > B):
```

```
4.        print("hello")
5.        print("hello")
```

2.5.2 使用空格缩进

在 Python 程序中，可以使用空格进行缩进。一个或者多个空格都是允许的，在此推荐使用 4 个空格代表一个缩进。

2.5.3 使用 Tab 键缩进

除了使用空格缩进之外，还可以使用 Tab 键缩进。一个 Tab 键默认为 4 个空格。具体可以在 IDLE 中设置：是否使用 Tab 键作为缩进，一个 Tab 键代替几个空格，行连接的缩进量。

小提示

在 Python 程序中缩进时，不要同时使用空格和 Tab 键缩进。在同一个 Python 文件中，要么使用 4 个空格缩进，要么使用一个 Tab 键缩进。

2.6 程序的注释方法

注释是程序代码的功能和使用进行说明，但注释不属于代码的一部分。为了解释器不报错，在注释之前需要使用注释符号。另外，不想要某些代码行执行，又不想删除该代码行的时候，也可以使用注释的方式把该代码行屏蔽。

2.6.1 单行注释

单行注释非常简单，只需在每行注释前加 "#" 号即可。解释器看到 "#"，则忽略这一行 "#" 后面的内容。

【示例 2-11】

下面的程序中，使用 "#" 分别给各行添加注释。

```
1.    A = 1            #定义变量 A，并赋值 1
2.    B = 2            #定义变量 B，并赋值 2
3.    print(A)         #输出变量 A 的值
4.    print(B)         #输出变量 B 的值
```

【程序运行结果】

运行该程序，结果如图 2-14 所示。只输出了变量 A 和变量 B 的值，注释符号 "#" 和其后面的内容都没有出现在输出结果中。

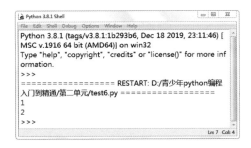

图 2-14　示例 2-11 的程序运行结果

2.6.2　多行注释

注释有多行时，可以使用 3 个连续单引号 " ''' " 把要注释的内容包裹起来。解释器看到 " ''' " 时，会忽略它们之间包含的内容。多行注释一般在注释内容较多或者需要注释掉的代码行较多时使用。

【示例 2-12】

下面的程序中，使用 " ''' " 添加多行注释。

```
1.   '''
2.   这是一段求两个变量的和的程序
3.   其中变量 A 的值为 1，变量 B 的值为 2
4.   变量 C 存放变量 A 加变量 B 的和
5.   最后输出变量 C 的值
6.   '''
7.   A = 1
8.   B = 2
9.   C = A + B
10.  print(C)
```

【程序运行结果】

运行该程序，结果如图 2-15 所示，程序只输出了变量 C 的值，第 1 ～ 6 行的注释并没有影响程序的正常运行。

图 2-15　示例 2-12 的程序运行结果

总结与练习

【本章小结】

本章学习了 Python 的基础知识，主要包括 Python 变量的定义与使用方法，输出函数 print、输入函数 input，以及程序的编码规范等内容。通过"案例 2-1：输出九九乘法表"的学习，熟练掌握 print 函数的输出换行与不换行的方法；通过"案例 2-2：输出指定字符组成的图案"的学习，理解变量的作用，掌握变量的使用方法。

【巩固练习】

使用 input 函数输入两个数，再使用 print 函数输出这两个数相加的结果。

● 目标要求

通过该练习，熟练掌握输入函数、输出函数和类型转换函数的用法。

● 编程提示

（1）使用 input 函数获取用户输入的 2 个整数，并分别赋值给 2 个变量。

（2）分别把 2 个变量转换为整数类型。

（3）把转换后的 2 个数相加，把结果赋值给第三个变量。

（4）使用 print 函数输出第三个变量。

第 3 章

成为计算高手：
基本数据类型与数据运算

本章导读

　　计算机是为处理数据而发明的，当然也就离不开对数据的运算。第 2 章中已经提到 Python 的基本数据类型有整数类型、浮点数类型、字符串类型、布尔类型。本章将详细讲解这 4 种数据类型的特征、相关运算及常见方法。

扫一扫，看视频

Python 基本数据类型

本节将学习整数类型（int）、浮点数类型（float）、字符串类型（str）、布尔类型（bool）的定义和范围。

3.1.1　整数类型

Python 中 int 型的数据就是数学中的整数，int 型所能表示的数据有如下几类：

- 一般用来表示一类数值：所有正整数、0 和负整数。
- int 型作为最常用的、频繁参与计算的数据类型，在 Python 3.5 中解释器会自动在内存中创建 –5 ～ 3000 的（包含 –5，不包含 3000）int 型对象。也就是说，在该范围内，相等的整数都是同一个已经创建的 int 型对象。范围之外的整数即使相等也表示不同对象，该特性随 Python 版本而改变。
- bool 型继承了 int 型，是 int 型的子类。
- Python 2 中有长整型 long，数值范围更大，在 Python 3 中已取消，所有整数类型统一由 int 表示。
- 支持二进制（0b\0B开头）、十进制、八进制（0o\0O）和十六进制（0x\0X）。

3.1.2　浮点数类型

浮点型是 Python 基本数据类型中的一种，Python 的浮点数类似数学中的小数和 C 语言中的 double 型。需要注意的是：浮点型和整型在计算机内部的存储方式是不同的，整型运算永远是精确的，浮点型运算则可能会有四舍五入时的误差。

3.1.3　字符串类型

在 Python 中，凡是被单引号“ ' ”、双引号“ " ”包裹的数据都称为字符串（str）。字符串具有如下几个特点。

- Python 3 支持 Unicode 编码，由字母、数字和符号组成的形式称为字符串，更接近或者与人们用文字符号表示的形式相同，因此在信息的表示和传递时它也是最受认可的形式。在编写程序时中也非常常用。
- 字符串不可被修改，可以用拼接等方法创建新的字符串对象。
- 支持分片和下标操作。
- 支持字符串与字符串之间的加法与乘法运算。

3.1.4　布尔类型

布尔类型代表真假值，通常用在条件判断和循环语句中。Python 定义了 bool 型，以及两个常量 True 和 False 代表真假。任何对象都可以转成 bool 型，也可以直接用于条件判断。下面几种情况可以认为是假。

- 常量 None 和 False。
- 整数 0 和浮点数 0.0。
- 空字符串 ''、空集合。例如，空元组 ()、空列表 []、空字典 {}，还有 set()、range(0) 等。

3.2 数据类型互相转换

在 Python 编程中，数据的类型不是一成不变的，往往需要根据实际情况，把数据从原来的类型转换为所需的其他数据类型。本节将通过对 4 个函数的讲解，使读者对不同类型的数据之间的互相转换有更加直观的认识。

3.2.1 使用 str 函数把其他类型的数据转换为字符串类型

str 不仅是字符串的类名，还是一个能把其他类型的数据转换为字符串类型的函数。str 函数的语法见表 3-1。

表 3-1 str 函数的语法

项　　目	语法说明
函　　数	class str(object=' ')
参　　数	object：需要转换的数据对象
返回值	返回一个字符串类型的数据

【示例 3-1】

把整数类型的数据转换为字符串类型。在 Shell 模式下编写如下程序：

```
1.  >>> a = 123456789
2.  >>> type(a)
3.  <class 'int'>
4.  >>> a1 = str(a)
5.  >>> a1
6.  '123456789'
7.  >>> type(a1)
8.  <class 'str'>
```

【代码解析】

第 1 行：定义一个变量 a，并赋值为整数 123456789。

第 2、3 行：使用 type 函数查看其类型，其类型为 int，即整数类型。

第 4 行：使用 str 函数把变量 a 的类型转换为字符串类型，并把转换后的结果赋值给变量 a1。

第 5、6 行：查看变量 a1 的值，有一对引号，很明显是字符串类型。

第 7、8 行：使用 type 函数查看变量 a1 的类型，其类型为 str，即字符串类型，说明 str 函数成功地把一个整数类型的变量转换为字符串类型。

【示例 3-2】

把浮点数类型的数据转换为字符串类型，在 Shell 模式下编写如下程序：

```
1.   >>> b = 3.1415926
2.   >>> type(b)
3.   <class 'float'>
4.   >>> b1 = str(b)
5.   >>> b1
6.   '3.1415926'
7.   >>> type(b1)
8.   <class 'str'>
```

【代码解析】

第 1 行：定义变量 b，并赋值为浮点型数据 3.1415926。

第 2、3 行：查看变量 b 的数据类型，其类型为 float，即浮点型。

第 4 行：使用 str 函数把浮点型变量 b 转换为字符串类型，然后赋值给变量 b1。

第 5、6 行：查看变量 b1 的值，可以看到在浮点数 3.1415926 两边多了一对引号。

第 7、8 行：使用 type 函数查看变量 b1 的类型，其类型为 str，即字符串类型。

【示例 3-3】

把布尔型数据转换为字符串类型，在 Shell 模式下编写如下程序：

```
1.   >>> c = False
2.   >>> type(c)
3.   <class 'bool'>
4.   >>> c1 = str(c)
5.   >>> c1
6.   'False'
7.   >>> type(c1)
8.   <class 'str'>
```

【代码解析】

第 1 行：定义变量 c，并赋值为布尔型数据 False。

第 2、3 行：查看变量 c 的数据类型，其类型为 bool，即布尔型。

第 4 行：使用 str 函数把浮点型变量 c 转换为字符串类型，然后赋值给变量 c1。

第 5、6 行：查看变量 c1 的值，可以看到 c1 的值为字符串 'False'。

第 7、8 行：使用 type 函数查看变量 c1 的类型，其类型为 str，即字符串类型。

通过上面 3 个示例，可以看出 str 函数可以把整数类型、浮点数类型、布尔类型的数据转换为字符串类型。把其他数据类型转换为字符串类型后，就可以进行字符串的相关运算了。

3.2.2　int 把其他类型的数据转换为整数类型

int 函数可以把其他数据类型转换为整数类型。值得注意的是，凡是带有字母和其他符号的字符串都不能转换为整数类型，只有纯数字的字符串才能转换为整数类型。int 函数的语法见表 3-2。

表 3-2　int 函数的语法

项　目	语法说明
函　数	class int(object=' ')
参　数	object: 需要转换的数据对象
返回值	返回一个整数类型的数据

【示例 3-4】

把字符串类型的数据转换为整数类型，在 Shell 模式下编写如下程序。

```
1.    >>> d = "100"
2.    >>> d1 = int(d)
3.    >>> d1
4.    100
5.    >>> type(d1)
6.    <class 'int'>
```

【代码解析】

第 1 ～ 6 行：通过 int 函数成功地把字符串 "100" 转换为整数 100。

【示例 3-5】

把浮点数类型的数据转换为整数类型，在 Shell 模式下编写如下程序：

```
1.    >>> d2 = int(1.23)
2.    >>> d2
3.    1
4.    >>> d3 = int(1.89)
5.    >>> d3
6.    1
```

【代码解析】

第 1 ～ 3 行通过 int 函数把浮点数 1.23 转换为整数 1，那么当 int 函数把浮点数转换为整数时，是否采用了四舍五入的方式？答案在第 4 ～ 6 行中。可以发现，如果是四舍五入，第 6 行应该输出整数 2，但是第 6 行的输出结果是整数 1。所以，int 函数把浮点数转换为整数时，不是四舍五入，而是直接舍弃小数点后面的数据，只保留整数部分。

【示例 3-6】

把布尔型数据转换为整数类型，在 Shell 模式下编写如下程序：

```
1.    >>> d4 = int(False)
2.    >>> d4
3.    0
4.    >>> d5 = int(True)
5.    >>> d5
6.    1
```

【代码解析】

第 1～3 行：使用 int 函数将布尔型数据 False 转换为整数，结果是 0。

第 4～6 行：使用 int 函数将布尔型数据 True 转换为整数，结果是 1。

【示例 3-7】

举一个反例，把非纯数字的字符串数据转换为整数类型时，会有什么意想不到的结果发生呢？在 Shell 模式下编写如下第 1、2 行程序，程序运行结果如第 3～6 行所示：

```
1.    >>> e = "abc123"
2.    >>> e1 = int(e)
3.    Traceback (most recent call last):
4.    File "<pyshell#13>", line 1, in <module>
5.    e1 = int(e)
6.    ValueError: invalid literal for int() with base 10: 'abc123'
```

【代码解析】

第 1 行定义了一个变量 e 并赋值为字符串 "abc123"，使用 int 函数试图把字符串变量 e 转换为整数时，发生了如第 3～6 行所示的错误提示，即不能把非纯数字字符串类型的数据转换为整数类型的数据。

3.2.3　float 把其他类型的数据转换为浮点数类型

float 函数可以把其他类型的数据转换为浮点数类型。与 int 函数类似，float 函数可以把纯数字的字符串或者带有数字和小数点的字符串转换为浮点数，不能把带字母和其他符号的字符串转换为浮点数。float 函数的语法见表 3-3。

表 3-3　float 函数语法

项　目	语法说明
函　数	class float(object=' ')
参　数	object: 需要转换的数据对象
返回值	返回一个浮点数类型的数据

【示例 3-8】

把布尔型数据转换为浮点数类型，在 Shell 模式下编写如下程序。

```
1.    >>> f1 = float(False)
2.    >>> f1
3.    0.0
4.    >>> f2 = float(True)
5.    >>> f2
6.    1.0
```

【代码解析】

第 1～6 行：把布尔型的 False 与 True 转换为浮点型数据，结果分别为 0.0 与 1.0。

【示例 3-9】

把字符串型数据转换为浮点数类型，在 Shell 模式下编写如下程序。

```
1.    >>> f3 = float("3.14")
2.    >>> f3
3.    3.14
```

【代码解析】

第 1～3 行：把带小数点和数字的字符串 "3.14" 转换为浮点数 3.14。

【示例 3-10】

把整数类型数据转换为浮点数类型，在 Shell 模式下编写如下程序。

```
1.    >>> f4 = float(2020)
2.    >>> f4
3.    2020.0
```

【代码解析】

第 1～3 行：把整数 2020 转换为浮点数的结果为 2020.0。

【示例 3-11】

把字符串型数据转换为浮点数类型，在 Shell 模式下编写如下程序：

```
1.    >>> f5 = float("2020")
2.    >>> f5
3.    2020.0
```

【代码解析】

第 1～3 行：把纯数字的字符串 "2020" 转换为浮点数 2020.0，可见字符串 "2020" 与整数 2020 转换为浮点数后的结果是一样的。

3.2.4 bool 把其他类型的数据转换为布尔类型

布尔型数据只有两个值：True 和 False，那么把其他类型的数据转换为布尔型的结果是不是也只有 True 或 False 呢？函数语法见表 3-4。

表 3-4 bool 函数语法

项　目	语法说明
函　数	class bool(object=' ')
参　数	object：需要转换的数据对象
返回值	返回一个布尔类型的数据

【示例 3-12】

把整数类型数据转换为布尔类型，在 Shell 模式下编写如下程序。

```
1.   >>> b = bool(2020)
2.   >>> b
3.   True
4.   >>> b = bool(0)
5.   >>> b
6.   False
```

【代码解析】

第 1～3 行：把整数 2020 转换为布尔类型的结果为 True。

第 4～6 行：把整数 0 转换为布尔类型的结果为 False。

【示例 3-13】

把字符串型数据转换为布尔类型，在 Shell 模式下编写如下程序。

```
1.   >>> b = bool("hello")
2.   >>> b
3.   True
4.   >>> b = bool("")
5.   >>> b
6.   False
```

【代码解析】

第 1～3 行：把字符串"hello"转换为布尔类型的结果为 True。

第 4～6 行：把空字符串转换为布尔类型的结果为 False。

【示例 3-14】

把浮点类型数据转换为布尔类型，在 Shell 模式下编写如下程序。

```
1.   >>> b = bool(3.14)
2.   >>> b
3.   True
4.   >>> b = bool(0.0)
5.   >>> b
6.   False
```

【代码解析】

第 1～3 行：把浮点数 3.14 转换为布尔类型的结果为 True。

第 4～6 行：把浮点数 0.0 转换为布尔类型的结果为 False。

通过上面 3 个示例，不难发现无论将何种类型的数据转换为布尔型，都只有 True 和 False 两个值。

3.3 Python 基本算术运算

计算机离不开计算，编程本身就是数学和科学的结合体。在 Python 编程中，基本的算术运算包括加法、减法、乘法、除法、取整、取余等。

3.3.1　加法运算

在 Python 中，整型、浮点型、布尔型数据三者之间可以做加法运算，字符串类型不支持与其他类型的数据相加，字符串与字符串可以相加。注意，在运算中布尔类型 True 表示整数 1，False 表示整数 0。不同数据类型之间是否支持加法，见表 3-5。

表 3-5　不同数据类型之间的加法

数据类型	整数类型	浮点数类型	字符串类型	布尔类型
整数类型	√	√		√
浮点数类型	√	√		√
字符串类型			√	
布尔类型	√	√		√

【示例 3-15】

分别实现整数、浮点数与布尔型数据之间的加法运算。在 Shell 模式下编写如下程序：

```
1.   >>> 100+100
2.   200
3.   >>> 100+3.1415
4.   103.1415
5.   >>> "hello1"+"hello2"
```

```
6.   'hello1hello2'
7.   >>> 100+True
8.   101
9.   >>> 100+False
10.  100
11.  >>> 3.1415+True
12.  4.141500000000001
13.  >>> 3.1415+False
14.  3.1415
15.  >>> 3.1415+1.0
16.  4.141500000000001
17.  >>> 3.1415+0.0
18.  3.1415
```

【代码解析】

第 1、2 行：两个整数相加。

第 3、4 行：整数与浮点数相加。

第 5、6 行：字符串与字符串相加，字符串 hello1 和 hello2 相加后的结果是后面的字符串拼接到前面字符串的后面，组成一个新的字符串。

第 7 ～ 10 行：整数与布尔型数据相加，这时 True 值为 1，False 值为 0。

第 11 ～ 14 行：浮点数与布尔型数据相加，这时 True 值为 1.0，False 值为 0.0，可以参考第 15 ～ 18 行。

特别需要注意的是第 11 行和第 15 行，即 3.1415+True 与 3.1415+1.0 的结果，为什么小数点后面有那么长的一串数字，而不是 4.1415 呢？

在计算这么简单的问题上，计算机为什么会出现这样的低级错误呢？原因在于十进制数与二进制数的转换。计算机其实并不认识十进制数，它只认识二进制数，也就是说，以十进制数进行运算时，计算机需要将各个十进制数转换成二进制数，然后进行二进制数之间的运算。

例如，0.1 转换成二进制数后，无法精确到等于十进制数的 0.1。同时，计算机的存储位数是有限制的，如果要存储的二进制位数超过了计算机的存储位数的最大值，其后续位数会被舍弃。这种问题不仅在 Python 中存在，在所有支持浮点数运算的编程语言中都会遇到。

3.3.2 减法运算

与加法运算相似，在 Python 中，整数、浮点数、布尔型数据三者之间支持减法运算。字符串不支持与其他类型的数据相减，并且字符串也不能与字符串相减。不同数据类型之间是否支持减法，见表 3-6。

表 3-6　不同数据类型之间的减法

数据类型	整数类型	浮点数类型	字符串类型	布尔类型
整数类型	√	√		√
浮点数类型	√	√		√
字符串类型				
布尔类型	√	√		√

【示例 3-16】

分别实现整数、浮点数与布尔型数据之间的减法运算。在 Shell 模式下编写如下程序：

```
1.  >>> 2020-1989
2.  31
3.  >>> 3.1415-2.138
4.  1.0035000000000003
5.  >>> 2020-3.1415
6.  2016.8585
7.  >>> 2020-True
8.  2019
9.  >>> 2020-False
10. 2020
11. >>> 3.1415-True
12. 2.1415
13. >>> 3.1415-False
14. 3.1415
```

【代码解析】

在上面的减法运算中，特别需要注意的是，第 4 行中小数点后面的位数，是因为浮点数转换为二进制后精度损失造成的。

3.3.3　乘法运算

Python 编程中的乘法运算符号为星号"*"。整数、浮点数、布尔型数据三者之间支持乘法运算，字符串不支持与浮点型数据相乘，字符串也不能与字符串相乘。不同数据类型之间是否支持乘法，见表 3-7。

表 3-7　不同数据类型之间的乘法

数据类型	整数类型	浮点数类型	字符串类型	布尔类型
整数类型	√	√	√	√
浮点数类型	√	√		√

续表

数据类型	整数类型	浮点数类型	字符串类型	布尔类型
字符串类型	√			√
布尔类型	√	√	√	√

【示例 3-17】

本节重点介绍字符串与整数类型和布尔类型数据之间的乘法运算，其他数据类型之间的乘法运算可以自行试验。在 Shell 模式下编写如下程序：

```
1.   >>> "hello"*4
2.   'hellohellohellohello'
3.   >>> "hello"*0
4.   ''
5.   >>> "hello"*True
6.   'hello'
7.   >>> "hello"*False
8.   ''
```

【代码解析】

第 1、2 行：字符串"hello"与整数 4 相乘的结果，与 4 个"hello"相加的结果是一样的，即 4 个字符串拼接成一个新字符串。

第 3、4 行：字符串"hello"与整数 0 相乘后，结果为空字符。

第 5 ～ 8 行：字符串"hello"与布尔型数据相乘，在此 True 表示整数 1，False 表示整数 0。

3.3.4 除法运算

Python 编程中的除法运算符号为斜杠"/"，注意与反斜杠"\"相区分。整数、浮点数、布尔型数据三者之间支持除法运算，字符串不支持除法运算。不同数据类型之间是否支持除法，见表 3-8。

表 3-8 不同数据类型之间的除法

数据类型	整数类型	浮点数类型	字符串类型	布尔类型
整数类型	√	√		√
浮点数类型	√	√		√
字符串类型				
布尔类型	√	√		√

【示例 3-18】

分别实现整数、浮点数与布尔型数据之间的除法运算。在 Shell 模式下编写如下程序：

```
1.   >>> 100/3
2.   33.333333333333336
3.   >>> 100/5
4.   20.0
5.   >>> 3.5/0.5
6.   7.0
7.   >>> 100/True
8.   100.0
9.   >>> 100.1/True
10.  100.1
```

【代码解析】

需要注意的是，布尔型数据 False 不能作除数，因为 0 不能作除数；在第 3、4 行中，整数 100 与整数 5 相除，虽然 100 能够被 5 整除，但结果不是整数 20，而是默认转换为浮点数 20.0。可以得出结论，除法运算后的结果一定是一个浮点数。

3.3.5 除法取整

在 Python 编程中，除法取整只保留商的整数部分，去掉小数部分。除法取整符号为双斜杠"//"，只有在两个整数之间进行除法取整才有意义。不同数据类型之间是否支持除法取整，见表 3-9。

表 3-9 不同数据类型之间的除法取整

数据类型	整数类型	浮点数类型	字符串类型	布尔类型
整数类型	√			
浮点数类型				
字符串类型				
布尔类型				

【示例 3-19】

实现整数与整数的除法及除法取整运算。在 Shell 模式下编写如下程序：

```
1.   >>> 100/3
2.   33.333333333333336
3.   >>> 100//3
4.   33
```

【代码解析】

100 和 3 的除法取整，结果为 33，只保留了商的整数部分，舍弃了小数部分。

3.3.6 除法取余

在 Python 编程中，除法取余运算同样只在两个整数之间才有意义。除法取余符号为百分号"%"。不同数据类型之间是否支持除法取余，见表 3-10。

表 3-10 不同数据类型之间的除法取余

数据类型	整数类型	浮点数类型	字符串类型	布尔类型
整数类型	√			
浮点数类型				
字符串类型				
布尔类型				

【示例 3-20】

实现整数与整数的除法取余运算。在 Shell 模式下编写如下程序：

```
1.   >>> 100%3
2.   1
```

【代码解析】

100 和 3 的除法取余，结果为 1。

案例 3-1：输入半径，输出圆的周长和面积

【案例说明】

已知圆的半径，通过相关公式可以非常容易地计算圆的周长和面积。如图 3-1 所示，运行程序，输入圆的半径 10，按 Enter 键后，输出圆的周长为 62.8、面积为 314.0。周长的值有很长的小数位，详情讲解请参考 3.3.4 节。

图 3-1 计算结果

【案例编程】

使用 input 函数获取用户输入的半径。注意，凡是通过 input 输入的数据都会被默认转换为字符串。由于需要使用半径计算圆的周长和面积，因此需要把半径转换为整数类型或者浮点数类型。考虑到半径可能是小数，也可能是整数，因此统一转换为浮点数类型。根据圆的周长公式（周长 = 2*Pi*r）、面积公式（面积 = Pi*r*r），计算周长和面积，最后使用 print 函数输出圆的周长与面积。程序如下所示：

```
1.    Pi = 3.14
2.    r  = input(" 请输入圆的半径：")
3.    r = float(r)
4.    l = 2*Pi*r
5.    s = Pi*r*r
6.    print(" 圆的周长为："+str(l))
7.    print(" 圆的面积为："+str(s))
```

【代码解析】

第 1 行：定义一个变量 Pi，并赋值为 3.14。

第 2 行：使用 input 函数获取用户输入的半径，并赋值给变量 r。

第 3 行：使用 float 函数把 r 转换为浮点数类型，并再次赋值给变量 r。

第 4 行：使用周长公式 2*Pi*r 计算出周长，并赋值给变量 l。

第 5 行：使用面积公式 Pi*r*r 计算出面积，并赋值给变量 s。

第 6、7 行：由于 l 和 s 都是浮点型数据，所以把它们转换为字符串类型的数据，与提示信息做加法，最后使用 print 函数输出圆的周长和面积。

【程序运行结果】

程序运行结果如图 3-2 所示。当输入半径为 20 时，程序输出的圆的面积为 1256.0，周长为 125.60000000000001，周长值的小数部分位数过多，是因为浮点数转换为二进制数后精度损失造成的。

图 3-2　案例 3-1 的程序运行结果

3.4 Python 位运算

在 Python 编程中，除了常见的加法、减法、乘法、除法、除法取整、除法取余运算之外，还有针对位的运算。这些运算都是基于二进制数进行的，并且只对整数有意义，运算时默认会先将数据转换为二进制数，然后进行运算。位运算符及运算规则见表 3–11。

表 3-11 位运算符及运算规则

位运算符	描　述	运算规则
&	与	两个进制位都为 1 时，结果才为 1，否则为 0
|	或	两个进制位都为 0 时，结果才为 0，否则为 1
^	异或	两个进制位相同时为 0，相异时为 1
~	取反	0 变 1，1 变 0
<<	左移	各二进制位全部左移若干位，低位补 0
>>	右移	各二进制位全部右移若干位，对无符号数，高位补 0；对有符号数，各编译器的处理方法不一样，有的补符号位（算术右移），有的补 0（逻辑右移）

3.4.1 按位与

按位与运算会先将整数转换为二进制数，然后做与运算。运算规则为：对应二进制位同为 1 时，结果为 1，否则为 0。

【示例 3–21】

实现整数与整数的按位与运算。在 Shell 模式下编写如下程序：

```
1.   >>> bin(100)
2.   '0b1100100'
3.   >>> bin(99)
4.   '0b1100011'
5.   >>> 100&99
6.   96
7.   >>> bin(96)
8.   '0b1100000'
```

【代码解析】

程序中使用了一个 bin 函数，bin 函数的功能是把一个十进制的整数转换为二进制数。

第 1、2 行：把十进制数 100 转换为二进制数 0b1100100，其中 0b 表示该数为二进制数。

第 3、4 行：把十进制数 99 转换为二进制数 0b1100011。

第 5、6 行：将十进制整数 100 与 99 做按位与运算，结果为十进制整数 96。

第 7、8 行：查看 96 转换为二进制数的结果，为 0b1100000。

通过表 3-12 可以清楚地了解按位与运算的运算规则。

表 3-12　按位与运算

进　制	十进制数	二进制数						
数据一	100	1	1	0	0	1	0	0
数据二	99	1	1	0	0	0	1	1
按位与结果	96	1	1	0	0	0	0	0

3.4.2　按位或

按位或运算，同样是先将整数转换为二进制数，然后做或运算。运算规则为：对应二进制位同为 0 时，结果为 0，否则为 1。

【示例 3-22】

实现整数与整数的按位或运算。在 Shell 模式下编写如下程序：

```
1.    >>> bin(100)
2.    '0b1100100'
3.    >>> bin(99)
4.    '0b1100011'
5.    >>> 100|99
6.    103
```

【代码解析】

第 1 ～ 4 行：把十进制整数 100 和 99 转换为二进制数。

第 5、6 行：将整数 100 与整数 99 做按位或运算，结果为十进制整数 103。

通过表 3-13 可以清楚地了解按位或运算的运算规则。

表 3-13　按位或运算

进　制	十进制数	二进制数						
数据一	100	1	1	0	0	1	0	0
数据二	99	1	1	0	0	0	1	1
按位或结果	103	1	1	0	0	1	1	1

3.4.3　按位异或

Python 中的异或运算规则为：对应二进制位相同时，结果为 0，否则为 1。

【示例 3-23】

实现整数与整数的按位异或运算。在 Shell 模式下编写如下程序：

```
1.  >>> bin(100)
2.  '0b1100100'
3.  >>> bin(99)
4.  '0b1100011'
5.  >>> 100^99
6.  7
```

【代码解析】

第 1～4 行：把十进制整数 100 和 99 转换为二进制数。

第 5、6 行：将整数 100 与整数 99 做按位异或运算，结果为十进制整数 7。

通过表 3-14 可以清楚地了解按位异或运算的运算规则。

表 3-14　按位异或运算

进　制	十进制数	二进制数						
数据一	100	1	1	0	0	1	0	0
数据二	99	1	1	0	0	0	1	1
按位异或结果	7	0	0	0	0	1	1	1

3.4.4　左移位

左移位与右移位都是针对一个数的运算，同样地，在开始运算之前需要将十进制整数转换为二进制数。左移位的符号是两个小于号 "<<"，运算规则是各二进制位全部左移若干位，低位补 0。

【示例 3-24】

实现整数的左移位运算。在 Shell 模式下编写如下程序：

```
1.  >>> 50<<1
2.  100
3.  >>> 50<<2
4.  200
5.  >>> 50<<3
6.  400
```

【代码解析】

第 1、2 行：把整数 50 左移 1 位后，结果为 100。

第 3、4 行：把整数 50 左移 2 位后，结果为 200。

第 5、6 行：把整数 50 左移 3 位后，结果为 400。

通过表 3-15 可以清楚地了解左移位运算的运算规则。可以发现，通过左移位运算使原数据随左移位数的增大在成倍变大。

表 3-15　左移位运算

进　制	十进制数	二进制数								
原数据	50				1	1	0	0	1	0
左移 1 位	100			1	1	0	0	1	0	0
左移 2 位	200		1	1	0	0	1	0	0	0
左移 3 位	400	1	1	0	0	1	0	0	0	0

3.4.5　右移位

右移位的符号是两个大于号"＞＞"，运算规则是各二进制位全部右移若干位，低位舍弃。

【示例 3-25】

实现整数的右移位运算。在 Shell 模式下编写如下程序：

```
1.  >>> bin(175)
2.  '0b10101111'
3.  >>> 175>>1
4.  87
5.  >>> 175>>2
6.  43
7.  >>> 175>>3
8.  21
9.  >>> 175>>4
10. 10
```

【代码解析】

上述程序中，完成了对整数 175 的右移位运算。通过表 3-16 可以清楚地了解右移位运算的运算规则，不难看出，通过右移位运算使原数据随着右移位数的增大在不断变小。

表 3-16　右移位运算

进　制	十进制数	二进制数							
原数据	175	1	0	1	0	1	1	1	1
右移 1 位	87		1	0	1	0	1	1	1
右移 2 位	43			1	0	1	0	1	1
右移 3 位	21				1	0	1	0	1
右移 4 位	10					1	0	1	0

3.4.6　求反

求反运算，顾名思义，就是把二进制位为 1 的变成 0，为 0 的变成 1。

【示例 3-26】

实现正数与负数的求反运算。在 Shell 模式下编写如下程序：

```
1.   >>> ~ 10
2.   -11
3.   >>> ~ 15
4.   -16
5.   >>> ~ (-10)
6.   9
7.   >>> ~ (-15)
8.   14
```

【代码解析】

可以发现求反运算的运算规则是：对正数的求反结果，为原数据加 1 后的相反数，如对 10 求反的过程是 10 加 1，即为 11 的相反数 –11；对负数的求反结果，同样是原数据加 1 后的相反数，如对 –15 求反的过程是 –15 加 1，即为 –14 的相反数 14。

3.4.7　幂运算

在 Python 编程中，幂运算的符号为两个星号 "**"。

【示例 3-27】

实现正数与负数的幂运算，注意幂运算的优先级高于取反运算。在 Shell 模式下编写如下程序：

```
1.   >>> 9**2
2.   81
3.   >>> -9**2
4.   -81
5.   >>> (-9)**2
6.   81
```

【代码解析】

"**" 前面为底数，"**" 后面为指数。

3.5　常用的数学函数

对于一些复杂的数学运算，Python 提供了相关函数。其中 math 模块中包含多个函数，在此介绍常用的几个数学函数。

3.5.1 round 函数

在除法运算中，遇到除不尽的数，以及浮点数参与运算后会出现的损失精度问题，都会有很长的小数位。大多数情况下并不需要这么长的小数位，可以使用 round 函数四舍五入，保留指定的小数位。round 函数的语法见表 3–17。

表 3-17 round 函数的语法

项　　目	语法说明
函　　数	class round(x, n)
参　　数	x 为原数据，n 为小数点后的位数
返回值	返回 x 四舍五入后的结果

【示例 3–28 】

求 100 除以 3 的商，保留 2 位小数位。在 Shell 模式下编写如下程序：

```
1.   >>> a = 100/3
2.   >>> a
3.   33.333333333333336
4.   >>> a = round(a,2)
5.   >>> a
6.   33.33
```

【代码解析】

第 1～3 行：求出 100 除以 3 的商，a 为 33.333333333333336。

第 4 行：使用 round 函数保留 2 位小数，并重新赋值给变量 a。

第 5、6 行：查看变量 a 的值为 33.33。

3.5.2 abs 函数

在算术运算中，经常会遇到求绝对值的情况。可以使用判断语句（见第 4 章）求一个数的绝对值。Python 提供了一个专门用于求绝对值的函数——abs 函数。abs 函数的语法见表 3–18。

表 3-18 abs 函数的语法

项　　目	语法说明
函　　数	class abs(x)
参　　数	x：原数据
返回值	返回 x 的绝对值

【示例 3–29 】

分别使用 abs 函数求出正数与负数的绝对值。在 Shell 模式下编写如下程序：

```
1.    >>> abs(-100)
2.    100
3.    >>> abs(100)
4.    100
```

【代码解析】

负数的绝对值是它的相反数，正数的绝对值是它本身。

3.5.3　math 模块

Python 中有很多运算符，可以进行一些数学运算。但是要处理复杂的问题时是否需要自己一行一行地编写所有代码呢？并非如此，Python 中有实现相应功能的内置库，其中 math 模块提供了很多特别的数学运算功能。表 3-19 中列举了 math 模块中的常用函数和常数。

表 3-19　math 模块中的常用函数和常数

常用函数和常数	功能描述
ceil(x)	对浮点数 x 向上取整
floor(x)	对浮点数 x 向下取整
pow(x,y)	返回 x 的 y 次方
sqrt(x)	返回 x 的平方根
fsum()	对迭代器中的所有元素求和
gcd(x,y)	返回 x、y 的最大公约数
hypot(x,y)	返回直角三角形的斜边长
pi	常数 pi 的值
e	常数 e 的值

【示例 3-30】

下面分别对 math 模块中的常用函数和常数举例说明。在 Shell 模式下编写如下程序：

```
1.    >>> import math
2.    >>> math.ceil(3.1)
3.    4
4.    >>> math.floor(3.9)
5.    3
6.    >>> math.pow(2,3)
7.    8.0
8.    >>> math.sqrt(16)
9.    4.0
10.   >>> math.fsum([1,2,3,4])
```

```
11.  10.0
12.  >>> math.gcd(100,25)
13.  25
14.  >>> math.hypot(3,4)
15.  5.0
16.  >>> math.pi
17.  3.141592653589793
18.  >>> math.e
19.  2.718281828459045
```

【代码解析】

第 1 行：导入 math 模块。要使用 math 模块中的函数，必须先使用 import 关键字导入该模块。

第 2、3 行：使用 ceil 函数对浮点数 3.1 向上取整，结果为整数 4。

第 4、5 行：使用 floor 函数对浮点数 3.9 向下取整，结果为整数 3。

第 6、7 行：使用 pow 函数求整数 2 的 3 次方，结果为浮点数 8.0。

第 8、9 行：使用 sqrt 函数求 16 的平方根，结果为浮点数 4.0。

第 10、11 行：使用 fsum 函数求列表 [1,2,3,4] 的和，结果为浮点数 10.0。

第 12、13 行：使用 gcd 函数求 100 和 25 的最大公约数，结果为 25。

第 14、15 行：使用 hypot 函数求 3 和 4 组成的直角三角形的斜边，结果为 5。

第 16、17 行：查看常数 pi 的值。

第 18、19 行：查看常数 e 的值。

案例 3-2：整数的阶乘

【案例说明】

整数的阶乘是所有小于及等于该数的正整数的积，0 的阶乘为 1，即 n!=1×2×3×…×n。要求输入一个整数，输出该数的阶乘。本案例的程序运行结果如图 3–3 所示。

图 3-3　阶乘运算

【案例编程】

使用 input 函数获取用户输入的整数，然后使用 print 函数输出该数的阶乘。程序如下所示：

```
1.    num = input(" 请输入一个整数: ")
2.    num = int(num)
3.    factorial = 1
4.    if num < 0:
5.        print(" 抱歉，负数没有阶乘 ")
6.    elif num == 0:
7.        print("0 的阶乘为 1")
8.    else:
9.        for i in range(1,num + 1):
10.           factorial = factorial*i
11.       print("%d 的阶乘为 %d" %(num,factorial))
```

【代码解析】

第 1 行: 使用 input 函数获取用户输入的整数，并赋值给变量 num。

第 2 行: 把变量 num 转换为整数类型。

第 3 行: 定义一个整数变量 factorial。

第 4、5 行: 判断 num 的值，若小于 0，则输出"抱歉，负数没有阶乘"。

第 6、7 行: 判断 num 的值，若等于 0，则输出"0 的阶乘为 1"。

第 8 ~ 10 行: 使用 for 循环计算，并输出大于 0 的整数的阶乘。

【程序运行结果】

程序运行结果如图 3-4 所示，可知 10 的阶乘为 3628800。

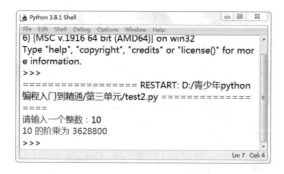

图 3-4　案例 3-3 的程序运行结果

总结与练习

【本章小结】

本章主要学习了不同数据类型之间的相互转换、算术运算、位运算和常见的数学函数。通过本章的学习，可以通过编程来解决常见的数学运算问题。

【巩固练习】

编写一段 Python 程序，实现如下功能：输入长方形的长和宽，输出该长方形的周长与面积。

● **目标要求**

通过该练习，熟练掌握 Python 编程中的算术运算。

● **编程提示**

（1）使用 input 函数获取长和宽的值，分别赋值给两个变量。

（2）使用 int 函数把输入的两个变量转换为整数类型。

（3）使用长方形的周长公式和面积公式分别计算长方形的周长和面积，并使用 print 函数输出。

第 4 章

让程序按条件执行：
关系运算与程序的判断

📓 本章导读

在生活中，判断几乎是无所不在的。先举个例子，登录微信时，如果输入的账号和密码都正确，就可以成功登录，否则会提示登录失败。那么微信是怎么知道账号和密码是否正确的呢？这里就用到了程序的判断结构，判断结构是编程中非常重要和常用的知识点之一。

扫一扫，看视频

4.1 **关系运算**

在学习程序的判断结构之前，先学习一下 Python 语言中的关系运算符与关系运算。关系运算不同于算术运算，算术运算的结果可能是整数、浮点数、字符串、布尔型数据等，而关系运算的结果只有一种数据类型——布尔型。

4.1.1　关系运算符

Python 中的关系运算包括大于、小于、等于、大于或者等于、小于或者等于、不等于，通过关系运算符可以判断两个数之间的大小关系。关系运算对应的关系运算符见表 4-1。

表 4-1　关系运算对应的关系运算符

关系运算	关系运算符	运算规则
大于	>	成立为 True，否则为 False
小于	<	成立为 True，否则为 False
等于	==	成立为 True，否则为 False
大于或者等于	>=	成立为 True，否则为 False
小于或者等于	<=	成立为 True，否则为 False
不等于	!=	成立为 True，否则为 False

小提示

在程序中等于符号是"=="（两个等于号），一定要与一个等于号"="区别开，"="在程序中是赋值符。

4.1.2　关系运算式

4.1.1 节介绍了 6 种关系运算符，该如何使用这些关系运算符呢？通过与之对应的 6 种关系运算式，可以实现对两个数的大小判断。

【示例 4-1】

分别演示 6 种关系运算式。在 Shell 模式下编写如下程序：

```
1.  >>> 100 > 200
2.  False
3.  >>> 100 < 200
4.  True
5.  >>> 100 <= 200
```

```
6.   True
7.   >>> 100 == 200
8.   False
9.   >>> 100 >= 100
10.  True
11.  >>> 100 != 200
22.  True
```

【代码解析】

通过示例 4-1 的程序，再次验证了关系运算的结果只有一种类型——布尔型，即关系运算式成立时结果为 True，不成立时结果为 False。

4.2 判断语句

在 Python 中实现程序的判断功能，需要用对应的判断语句 if 来完成。

4.2.1 if 语句

了解 Scratch 编程的读者，对图 4-1 所示的指令块应该非常熟悉，这就是 Scratch 中的判断指令，通过该指令块可以判断某个条件是否满足，或者某个关系运算是否成立。

图 4-1 Scratch 中的判断指令

与 Scratch 编程类似，在 Python 中也有相应的判断指令——if 语句，通过 if 语句可以实现判断功能。

在 Python 中，if 语句是用来进行判断的，格式如下：

```
1.   if（要判断的条件）:
2.       条件成立时，要做的事情
```

需要注意的是，第 2 行代码的缩进为一个 Tab 键或者 4 个空格。再次强调，在 Python 开发中，Tab 键缩进和空格缩进不要混用！可以把整个 if 语句看成一个完整的代码块。

【示例 4-2】

科学家研究发现，人体最适宜的温度为 26℃。编写一段程序，根据天气预报输入今天和明天的温度，如果明天的温度比今天低 5℃及以上，则提醒人们添加衣物。在文本模式下编写如下程序：

```
1.   T0 = input("请输入今天的温度：")
2.   T1 = input("请输入明天的温度：")
3.   T0 = float(T0)
4.   T1 = float(T1)
5.   if(T0 - T1 >= 5):
6.       print("天气变冷，请添加衣物！")
```

【代码解析】

第 1、2 行：通过 input 函数分别获取今天和明天的温度。

第 3、4 行：使用 float 函数将输入的温度转换为 float 型。

第 5 行：使用 if 语句判断温度是否降低 5℃及以上，如果是，则执行第 6 行代码，输出提示信息。

【程序运行结果】

编写完成示例 4-2 的程序并运行，分别输入 25 和 18，即由天气预报知道，明天的温度比今天的温度低 7℃。如图 4-2 所示，程序输出添加衣物的提示信息。

如果温差没有达到 5℃，程序会有提示信息吗？再次运行程序，分别输入 25 和 22，即由天气预报可知，明天的温度比今天的温度低 3℃。如图 4-3 所示，程序并没有输出任何提示信息。

图 4-2　示例 4-2 的程序运行结果（1）　　　图 4-3　示例 4-2 的程序运行结果（2）

4.2.2　if…else 语句

如图 4-4 所示，这是 Scratch 中的另外一条判断指令，与 4.2.1 节中介绍的判断指令的区别是，多了"否则"功能，可以实现程序的二分支判断。

图 4-4　Scratch 中的二分支判断指令

该条指令在 Python 中也有相应的判断语句——if…else 语句。if…else 语句的格式如下：

```
1.  if（要判断的条件）：
2.      条件成立时，要做的事情
3.  else：
4.      条件不成立时，要做的事情
```

【示例 4-3】

男子 100 米短跑的世界纪录为博尔特在 2009 年柏林田径锦标赛上创造的 9.58 秒。通过输入运动员的 100 米短跑时间，判断谁更快，并输出提示信息。在文本模式下编写如下程序：

```
1.  times = input("请输入运动员的 100 米短跑时间：")
2.  times  = float(times )
3.  if(times - 9.58 > 0 )：
4.      print("博尔特更快！")
5.  else：
6.      print("比博尔特快！")
```

【代码解析】

第 1、2 行：输入 100 米的短跑时间，并转换为浮点数。

第 3、4 行：判断如果时间大于 9.58 秒，则输出"博尔特更快！"的提示信息。

第 5、6 行：判断如果时间不大于 9.58 秒，则输出"比博尔特快！"的提示信息。

【程序运行结果】

编写完成示例 4-3 的程序并运行，输入 100 米的短跑时间 11.92，很明显，时间比博尔特的 9.58 秒更长，应该是博尔特更快。如图 4-5 所示，程序输出了正确的提示信息。

图 4-5　示例 4-3 的程序运行结果（1）

再次运行程序，输入 100 米的短跑时间 8.92，很明显比博尔特更快。如图 4-6 所示，程序也输出了正确的提示信息。

图 4-6　示例 4-3 的程序运行结果（2）

第三次运行程序，输入和博尔特一样的用时 9.58，程序应该输出怎样的结果呢？如图 4-7 所示，程序还是输出了"比博尔特快！"，很明显，输出结果不对。那么是上面的程序有问题吗？其实不是程序的问题，而是 if…else 语句只能完成二分支判断。如果想要解决上面的问题，可以使用 if…else 语句的嵌套或者程序的多分支判断，在 4.2.3 节中将详细学习这些知识。

图 4-7　示例 4-3 的程序运行结果（3）

案例 4-1：判断奇数和偶数

【案例说明】

众所周知，能被 2 整除的数是偶数，否则就是奇数。编写一段程序，输入一个整数，判断并输出该数是奇数还是偶数。程序运行结果如图 4-8 所示，输入 100 时，输出"这是一个偶数"的提示信息；输入 77 时，输出"这是一个奇数"的提示信息。

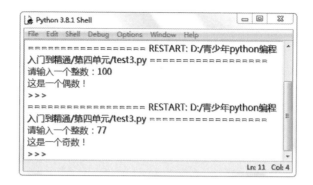

图 4-8 案例 4-1 的程序运行结果

【案例编程】

首先使用 input 函数获取用户输入的数据，并把数据转换为整数类型；然后判断该数是否为整数；最后输出判断结果。问题是如何知道一个数是偶数还是奇数呢？答案很简单，根据第 3 章介绍过的除法取余运算可以实现，一个数除以 2 后，如果余数为 0，则该数为偶数；如果余数为 1，则该数为奇数。由此编写如下程序：

```
1.   data = input(" 请输入一个整数: ")
2.   data = int(data)
3.   if(data % 2 == 0):
4.       print(" 这是一个偶数！ ")
5.   else:
6.       print(" 这是一个奇数！ ")
```

【代码解析】

第 1、2 行：获取用户输入的数据，并赋值给变量 data，然后将变量 data 转换为整数类型。

第 3、4 行：如果变量 data 除以 2 后的余数为 0，则判断该变量是偶数，并输出"这是一个偶数"的提示信息。

第 5、6 行：判断该数为奇数，并输出"这是一个奇数"的提示信息。

4.2.3 if…elif…else 语句

在 4.2.2 节中知道，两个数的大小关系有大于、小于、等于三种情况，很明显使用二分支不太适合。程序的多分支就是为了解决判断条件有三种及三种以上结果的情况。在 Python 中使用 if…elif…else 语句可以实现程序的多分支判断，该语句的格式如下：

```
1.   if( 要判断的条件一 ):
2.       条件一成立时，要做的事情
3.   elif( 要判断的条件二 ):
4.       条件二成立时，要做的事情
```

```
5.    elif( 要判断的条件三 )：
6.        条件三成立时，要做的事情
7.    ......
8.    else:
9.        上面条件都不成立时，要做的事情
```

【示例 4-4】

使用多分支结构，可以解决示例 4-3 中遇到的问题。在文本模式下编写如下程序：

```
1.    times = input(" 请输入运动员的 100 米短跑时间：")
2.    times  = float(times )
3.    if(times - 9.58 > 0 )：
4.        print(" 博尔特更快！ ")
5.    elif(times - 9.58 == 0 )：
6.        print(" 和博尔特一样快！ ")
7.    else:
8.        print(" 比博尔特快！ ")
```

【代码解析】

在 4.2.2 节中示例 4-3 的基础上添加第 5、6 行代码，判断两人的 100 米短跑时间是否相等。

【程序运行结果】

编写完成程序并运行，在此总共运行三次程序，第一次输入 10.5，第二次输入 9.58，第三次输入 8.32，分别测试对应的输出结果是否符合预期。程序运行结果如图 4-9 所示，可见输出结果完全符合预期。

图 4-9　示例 4-4 的程序运行结果

4.2.4　判断语句的嵌套

在 Python 程序中有很多嵌套，如判断语句嵌套、循环语句嵌套、函数嵌套。什么是嵌套呢？如图 4-10 所示是 Scratch 中的判断嵌套。嵌套很像俄罗斯套娃，即在套娃里面还有套娃，判断语句嵌套就是在 if 判断中还有 if 判断。

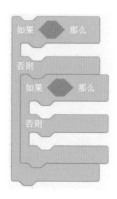

图 4-10　Scratch 中的判断嵌套

在 4.2.3 节示例 4-4 的 100 米短跑与博尔特比快慢的程序中，除了使用多分支完成与博尔特的短跑时间比较之外，还可以使用判断语句的嵌套完成。

【示例 4-5】

使用 if else 嵌套语句完成与多分支同样的功能。在文本模式下编写如下程序：

```
1.   times = input("请输入运动员的100米短跑时间：")
2.   times  = float(times )
3.   if(times - 9.58 > 0 ):
4.       print("博尔特更快！")
5.   else:
6.       if(times - 9.58 == 0 ):
7.           print("和博尔特一样快！")
8.       else:
9.           print("比博尔特快！")
```

【代码解析】

上面的程序在示例 4-4 的基础上稍做改动，把第 5 行的 elif 语句改为 else，并在 else 语句中添加了 if…else 语句，即当判断条件"times – 9.58 > 0"不成立时，再次判断条件"times – 9.58 == 0"是否成立。

【程序运行结果】

编写完成上面的程序后，再次运行三次程序，分别输入 10.5、9.58、8.32，然后分别测试对应的输出结果是否符合预期。程序运行结果如图 4-11 所示，该程序的输出结果与多分支判断的输出结果没有区别，同样完全符合预期。

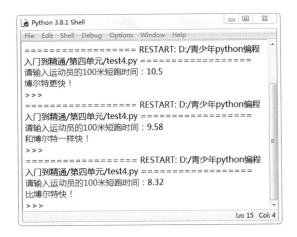

图 4-11　示例 4-5 的程序运行结果

案例 4-2：自动判断是否为标准体重

【案例说明】

男性的标准体重的计算方法为 (身高 cm-80)×70%；女性的标准体重的计算方法为 (身高 cm-70)×60%。标准体重的 ±10% 为正常体重；标准体重的 ±(10% ～ 20%) 为体重过重或体重过轻；标准体重的 ±20% 以上为肥胖或者体重不足。

编写一段程序，输入一个人的性别、身高和体重，输出他的体重情况：正常体重、体重过重、体重过轻、肥胖、体重不足。

【案例编程】

根据案例说明，编写程序，如下所示：

```
1.   gender = input(" 请输入性别 ( 男 \ 女 )：")
2.   height = input(" 请输入身高 (cm)：")
3.   height = float(height)
4.   weight = input(" 请输入体重 (kg)：")
5.   weight = float(weight)
6.   if(gender == " 男 "):
7.       c = 80
8.       k = 0.7
9.   else:
10.      c = 70
11.      k = 0.6
```

```
12. if(abs(weight - (height-c)*k)<=(height-c)*k*0.1):
13.     print(" 正常体重！ ")
14. elif(abs(weight - (height-c)*k)<=(height-c)*k*0.2):
15.     if(weight - (height-c)*k > 0):
16.         print(" 体重过重！ ")
17.     else:
18.         print(" 体重过轻！ ")
19. else:
20.     if(weight - (height-c)*k > 0):
21.         print(" 肥胖！ ")
22.     else:
23.         print(" 体重不足！ ")
```

【代码解析】

第 1 ~ 5 行：通过 input 函数获取用户输入的性别、身高和体重，把身高和体重转换成运算需要的浮点数类型。虽然男、女标准体重的计算方法相同，但具体参与运算的数据不同。

第 6 ~ 11 行：根据性别分别给变量 c 和变量 k 赋不同的值，以便后面参与运算。

第 12、13 行：判断如果体重在标准体重的 ±10% 以内，则为正常体重。

第 14 ~ 18 行：判断如果体重在标准体重的 ±(10% ~ 20%) 之间，那么继续判断，如果是 +(10% ~ 20%) 则表示体重过重，如果是 –(10% ~ 20%) 则表示体重过轻；否则就是体重在标准体重的 ±20% 以上。

第 20 ~ 23 行：判断如果体重在标准体重的 + 20% 以上，则表示肥胖；否则是体重不足。

【程序运行结果】

运行程序，测试一个身高为 171cm，体重为 75kg 的男生是否为标准体重，测试结果为体重过重，如图 4-12 所示。

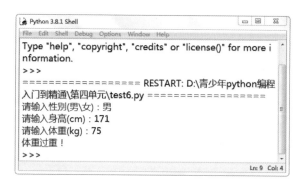

图 4-12　案例 4-2 的程序运行结果（1）

再次运行程序，测试一个身高为 172cm，体重为 60kg 的女生是否为标准体重，测试结果为体重正常，如图 4-13 所示。

图 4-13　案例 4-2 的程序运行结果（2）

4.3　逻辑运算

　　Python 中的判断语句，除了使用常见的关系运算符来判断某个条件是否成立之外，还能灵活地使用逻辑运算符，编程更加高效。逻辑运算由三个关键字 and、or 和 not 实现。逻辑运算符的运算规则见表 4-2。

表 4-2　逻辑运算符的运算规则

逻辑运算符	逻辑表达式	运算规则
and	x and y	x、y 同时为 True，结果为 True，否则为 False
or	x or y	x、y 其中之一为 True，结果为 True，否则为 False
not	not x	x 为 True，结果为 False，否则为 True

4.3.1　and 运算符

　　在日常生活中，会遇到这样的情况：只有在两个或者多个条件同时满足的情况下，才能执行某项功能。例如，今天下大雨，小学生 Jack 要出门和朋友去图书馆看书，那么 Jack 必须带上雨伞。Jack 是否带雨伞，取决于今天是否下雨和是否出门这两个条件是否同时满足。

　　在判断语句中，and 可以理解为"与""并且"的意思，即 and 左边和右边的条件同时满足，逻辑运算的结果才为 True，否则为 False。

【示例 4-6】

　　使用 and 运算符编写一段求最大数的程序，输入三个数，输出三个数中的最大数。在文本模式下编写如下程序：

```
1.    a1 = input("请输入第一个数：")
2.    a2 = input("请输入第二个数：")
3.    a3 = input("请输入第三个数：")
4.    a1 = float(a1)
```

```
5.    a2 = float(a2)
6.    a3 = float(a3)
7.    if(a1 >= a2 and a1 >= a3):
8.        print("最大数为: ",a1)
9.    elif(a2 >= a1 and a2 >= a3):
10.        print("最大数为: ",a2)
11.   else:
12.        print("最大数为: ",a3)
```

4.3.2　or 运算符

与 and 运算符对应的是 or 运算符。在判断语句中，or 运算符可以理解为"或者"的意思，即只要满足多个条件中的一个，逻辑运算的结果就为 True，如果一个条件都不满足，则结果为 False。

【示例 4-7】

在 Shell 模式下编写如下程序：

```
1.    >>> a = 1
2.    >>> b = 0
3.    >>> if(a>0 or b>0):
4.            print("1")
5.    1
```

【代码解析】

变量 a 的值是 1，满足大于 0 的条件；变量 b 的值等于 0，不满足大于 0 的条件。第 3 行使用了运算符 or，即只要变量 a 和变量 b 中有一个大于 0，程序就输出 1。变量 a 和变量 b 的值满足判断条件，因此程序输出 1。

案例 4-3：判断某年是否为闰年

【案例说明】

闰年是公历中的名词。闰年分为普通闰年和世纪闰年。

普通闰年：公历年份是 4 的倍数，且不是 100 的倍数，为普通闰年（如 2004 年、2020 年就是普通闰年）。

世纪闰年：公历年份是整百数的，必须是 400 的倍数才是世纪闰年（如 1900 年不是世纪闰年，2000 年是世纪闰年）。

【案例编程】

根据案例说明，不管是普通闰年还是世纪闰年都是闰年，只要满足如下两个条件之一就是闰年：①该年份能被 4 整除，并且不能被 100 整除；②该年份能被 400 整除。据此，在文本模式下编写如下程序：

```
1.   year = input(" 请输入年份：")
2.   year = int(year)
3.   if(year % 400 == 0 or (year%4==0 and year%100 !=0)):
4.       print(" 闰年！")
5.   else:
6.       print(" 不是闰年！")
```

【代码解析】

使用 or 和 and 运算符编写的程序，逻辑非常清晰。

第 1、2 行：使用 input 函数获取用户输入的年份。

第 3、4 行：使用 or 运算符连接两个条件，放在一个判断语句中，判断输入的年份是否满足条件，如果满足两个条件之一，则输出 "闰年！"。

第 5、6 行：如果两个条件都不满足，则输出 "不是闰年！"。

【程序运行结果】

运行程序，当输入的年份是 1900 时，输出 "不是闰年！"，如图 4-14 所示。

图 4-14　案例 4-3 的程序运行结果（1）

再次运行程序，当输入的年份是 2000 时，输出 "是闰年！"，如图 4-15 所示。

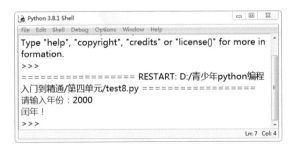

图 4-15　案例 4-3 的程序运行结果（2）

总结与练习

【本章小结】

本章主要学习了关系运算和程序的判断语句。通过关系运算式和判断语句的结合，可以实现程序的判断分支结构，使用判断语句可以非常容易地实现编程任务中的判断功能，如判断奇偶数、是否为闰年等问题。

【巩固练习】

中国古代存在这样一种题型："韩信点兵，在一次大战之后，所剩士兵人数为 900 ～ 1000 人，韩信命令士兵每 3 人一组，结果多出 2 人；接着命令士兵每 5 人一组，结果多出 3 人；又命令士兵每 7 人一组，结果多出 2 人，问总共最少有多少名士兵？"解决此题所使用的定理被称作"中国剩余定理"。但实际上，通过编程循环尝试也很容易得出答案。

● **目标要求**

通过该练习，熟练使用 Python 中的 if 判断语句。

● **编程提示**

根据题干要求，可以采用整数取余的方式得到三个等式。假设士兵人数为 x，三个条件分别为 x%3==2、x%5==3、x%7==2，当这三个条件同时满足，并且 x 的范围为 900 ～ 1000 时，x 就是要求的士兵的总人数。

第 5 章

让程序重复执行：
有限循环与无限循环

本章导读

《战国策·燕策二》："此必令其言如循环，用兵如刺蜚绣。"往复回旋指事物周而复始地运动或变化，意思是转了一圈又一圈，一次又一次地重复。

在程序设计中也有循环，通过循环语句实现循环功能。通过循环的使用可以优化程序，减少代码量，还可以快速地实现一些复杂的功能。

扫一扫，看视频

青少年
学 Python 编程从入门到精通（视频案例版）

5.1 循环的种类

Python 中的循环总体上分为两类：有限循环和无限循环。灵活使用循环，使得程序更加简洁，同时能完成更加复杂的功能。

5.1.1 有限循环

有限循环，顾名思义，就是次数有限的循环，有明确的循环次数或者有明确的终止条件。

图 5-1 所示为 Scratch 中实现有限循环的指令，很明显，循环次数为 10 次，非常明确。完成 10 次循环后，就会跳出循环，然后执行循环后面的语句。

图 5-1　Scratch 中的有限循环指令 1

在 Python 中要实现图 5-1 中有限循环指令对应的循环功能，可以使用 for 循环语句完成。for 循环语句的格式如下：

```
1.  for i in range( 循环次数 ):
2.      需要做的事情
```

【示例 5-1】

使用 for 循环语句，实现输出 10 行"人生苦短，我爱 python"字符串。在文本模式下编写如下程序：

```
1.  for i in range(10):
2.      print(" 人生苦短，我爱 python!")
```

【代码解析】

这段程序非常简单。

第 1 行：使用 for 循环语句循环 10 次。

第 2 行：使用 print 函数输出"人生苦短，我爱 python!"的字符串。

【程序运行结果】

程序运行结果如图 5-2 所示，输出了 10 行"人生苦短，我爱 python!"字符串。

在 Scratch 中除了上面指定循环次数的循环指令外，还有不需要指定循环次数，但需要指定循环终止条件的循环指令。如图 5-3 所示，当不满足六边形中的条件时，执行循环中的语句；满足条件时，就会跳出循环，执行循环后面的语句。

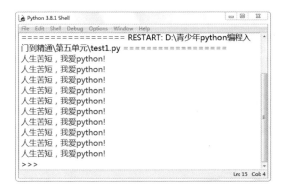

图 5-2　示例 5-1 的程序运行结果

图 5-3　Scratch 中的有限循环指令 2

在 Python 中也有类似的语句——while 语句，需要与图 5–3 中指令区分的是，当满足 while 语句中的循环条件时，才执行循环中的语句；不满足 while 语句中的循环条件，则跳出循环，执行循环后面的语句，这恰恰与图 5–3 中的 Scratch 语句相反。while 循环语句的格式如下：

```
1.  while( 循环条件 ):
2.      需要做的事情
```

【示例 5–2】

使用 while 循环语句，同样实现输出 10 行"人生苦短，我爱 python"字符串。在文本模式下编写如下程序：

```
1.  a = 0
2.  while (a<10):
3.      print(" 人生苦短，我爱 python!")
4.      a = a+1
```

【代码解析】

第 1 行：定义一个变量 a 并赋值为 0，用于记录循环次数。

第 2 行：使用 while 语句实现循环功能，循环条件为 a<10，即当 a<10 时，执行循环体内部的语句（第 3 行和第 4 行）。

每循环一次，循环条件中的变量 a 增加 1；当第 1 次循环执行完毕后，变量 a 为 1，依此类推。当第 10 次循环执行完毕后，变量 a 为 10，随后已经不满足循环条件 a<10 了，跳出循环，程序结束。

【程序运行结果】

程序运行结果如图 5–4 所示，同样输出了 10 行"人生苦短，我爱 python!"字符串，与 for 循环语句的运行结果是一样的。

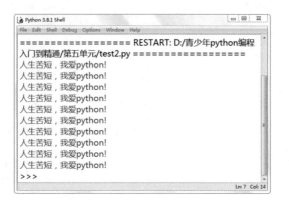

图 5-4　示例 5-2 的程序运行结果

在 Python 编程中，for 循环语句和 while 循环语句都能实现有限循环的功能，二者的区别在于使用场景不同，初学者一定要根据实际情况适当选择。

案例 5-1：求 1～100 中所有整数的和

【案例说明】

在数学中，大家肯定都计算过 1+2+3+⋯+100 的和。如何通过 Python 编写一段程序，完成这个计算呢？

【案例编程】

求 1+2+3+⋯+100 的和，总共需要进行 99 次加法运算，因此可以使用 for 循环语句。另外需要两个变量，一个作为加数，每次做完加法后自增 1；另一个作为两个数的和，这样每次加数与上一次计算的和相加即可。根据分析，编写如下程序：

```
1.   s = 1
2.   a = 2
3.   for i in range(99):
4.       s = s + a
5.       a = a + 1
6.   print(s)
```

【代码解析】

第 1 行：定义变量 s 并赋值为 1，变量 s 作为每次加法的和。

第 2 行：定义变量 a 并赋值为 2，变量 a 为加数。

第 3 行：循环 99 次，因为需要做 99 次加法。

第 4 行：做加法运算，把上次的变量 s 与加数变量 a 相加，并将相加后的结果赋值给变量 s。

第 5 行：加数自增 1。

第 6 行：当循环执行完毕后，输出变量 s 的值。

　　程序的难点在第 1、2 行，确定变量 s 和变量 a 的值。可以这样理解：在 1+2+3+4+…+100 中，总共需要做 99 次加法，第 1 次相加的两个数分别为 1 和 2，第 2 次就是第 1 次的运算结果与加数 3 相加，以此来确定变量 a 的初始值为 2，则变量 s 的初始值应该是 1。

【程序运行结果】

　　程序运行结果如图 5-5 所示，可以看出 1 ～ 100 中所有整数的和为 5050。

图 5-5　案例 5-1 的程序运行结果

5.1.2　无限循环

　　与有限循环对应的就是无限循环。很明显，无限循环就是没有终止条件，循环次数不限的循环。Scratch 中的无限循环指令如图 5-6 所示。

图 5-6　Scratch 中的无限循环指令

　　在 Python 编程中，无限循环也是通过 while 语句实现的。试想一下，只要 while 语句中的循环条件一直满足，循环就不会终止。

【示例 5-3】

　　使用 while 语句实现无限循环的功能，让程序一直输出 "人生苦短，我爱 python!" 字符串。在文本模式下编写如下程序：

```
1.   while (True):
2.       print(" 人生苦短，我爱 python!")
```

【代码解析】

　　第 1 行：使用 while 语句实现循环功能，循环条件为 True，表示循环条件一直满足，程序就会一直循环，直到强制关闭该程序。

【程序运行结果】

程序运行结果如图 5-7 所示，不停地输出"人生苦短，我爱 python!"字符串。

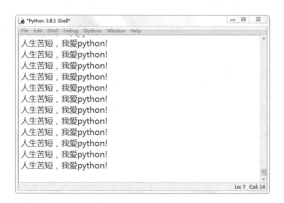

图 5-7　示例 5-3 的程序运行结果

案例 5-2：存钱大挑战

【案例说明】

你是否有过这样的设想，第 1 天存 1 元，第 2 天存 2 元……依此类推，往后的每天都比前一天多存 1 元，那么在开始存钱后的第多少天所存的钱数会大于 10000 元呢？

【案例编程】

从案例说明中不知道要循环多少次，只知道存钱总数大于 10000 元，因此可以使用 while 循环语句来编程。根据分析，编写如下程序：

```
1.  s = 0
2.  a = 0
3.  while (s <= 10000):
4.      a = a + 1
5.      s = s + a
6.  print(a)
```

【代码解析】

第 1 行：定义变量 s，用于记录存钱总数。

第 2 行：定义变量 a，用于记录每天的存钱数。

第 3~5 行：使用 while 循环，循环条件为 s<=10000，即当存钱总数小于或者等于 10000 时，执行循环体内的语句，当存钱总数大于 10000 时，退出循环。

第 6 行：输出变量 a 的值。

由于天数与该天的存钱数是一致的，因此变量 a 的值也表示天数。

【程序运行结果】

程序运行结果如图 5-8 所示，总共需要 141 天，存钱总数才能超过 10000 元。

图 5-8　案例 5-2 的程序运行结果

5.2　退出循环

无论是在无限循环还是有限循环中，有时满足某一条件时需要退出整个循环或者终止本次循环。可以使用 break 和 continue 语句实现该功能。

5.2.1　break 语句

break 语句的作用是退出整个循环。

无限循环的程序一旦运行起来就不会主动停止，因为没有给它设置停止条件。如果想要停止程序，只能手动关闭窗口。如果每次都要用户手动关闭，很明显这并不是一个好的用户体验。在无限循环中，以防止程序进入真正的死循环，通常这样设置：只要满足某个条件，就调用 break 语句，以便退出循环。在有限循环中也可以这样使用。break 语句的使用格式如下：

```
1.   while( True) :
2.       if( 判断条件 ) :
3.           break
```

【示例 5-4】

编写一段计算两个数相加的程序，当输入字符串"exit"时，退出程序。在文本模式下编写如下程序：

```
1.   while（True）:
2.       a = input(" 请输入第一个加数: ")
3.       if(a == "exit"):
4.           break
```

```
5.        b = input("请输入第二个加数：")
6.        c = int(a) + int(b)
7.        print(c)
```

【代码解析】

这是一个使用 while 循环语句的程序，功能是计算并输出两个数的和。

第 1 行：程序一开始就进入 while (True) 的无限循环中。

第 2 行：使用 input 函数输入第一个数，并赋值给变量 a。

第 3 行：判断用户输入的是否为 exit。

第 4 行：如果用户输入 exit，则调用 break 语句，退出整个循环，结束程序。

第 5 行：使用 input 函数输入第二个数，并赋值给变量 b。

第 6 行：计算变量 a 加变量 b 的和，并把值赋给变量 c。

第 7 行：输出变量 c 的值。

【程序运行结果】

程序运行结果如图 5-9 所示，当输入的两个数都为整数时，可以计算两个数的和并输出结果；当输入的第一个数是字符串"exit"时，程序结束。

图 5-9 示例 5-4 的程序运行结果

案例 5-3：鸡兔同笼各多少

【案例说明】

"鸡兔同笼问题"是我国古代重要的数学著作《孙子算经》中著名的数学问题，其内容是："今有雉（鸡）兔同笼，上有三十五头，下有九十四足。问雉兔各几何。"意思是：有若干只鸡和兔在同一个笼子里，从上面数有 35 个头，从下面数有 94 只脚。求笼中各有几只鸡和几只兔？

该问题用算术方法来解：脚数的 1/2 减头数，即 94/2−35=12 为兔数；头数减兔数，即 35−12=23 为鸡数。这种解法虽然直接而自然，也很合乎逻辑，却不容易理解。怎么编写一段 Python 程序来求解呢？

【案例编程】

鸡和兔总共有 35 个头，鸡脚和兔脚一共有 94 只。按照循环的思想，可以先假定鸡有 1 只，然后判断头和脚是否满足条件，如果不满足，再假定鸡有 2 只，再判断，如此循环，如果满足条件，则终止循环。最终可以求出鸡和兔各有多少只。根据分析，编写如下程序：

```
1.    a = 1
2.    b = 35 - a
3.    for i in range(35):
4.        if(a+b == 35):
5.            if(a*2+b*4 == 94):
6.                print(" 鸡:",a)
7.                print(" 兔:",b)
8.                break
9.        a = a + 1
10.       b = 35 - a
```

【代码解析】

第 1、2 行: 分别定义变量 a 和变量 b，表示鸡与兔的只数。

第 3 行: 使用 for 语句实现一个有限循环。

第 4 ～ 8 行: 循环中有一个 if 判断语句的嵌套，以判断头和脚是否满足条件，如果满足，则使用 break 语句终止循环。需要注意的是，有时候鸡和兔的只数会有多种结果，就不要使用 break 语句，直到循环执行完毕。

第 9、10 行: 如果判断头和脚不满足条件，就将变量 a 增加 1，同时变量 b 也要重新赋值。

【程序运行结果】

程序运行结果如图 5-10 所示，求出鸡有 23 只，兔有 12 只，与《孙子算经》中求得的结果一致。

图 5-10　案例 5-3 的程序运行结果

5.2.2　continue 语句

continue 的作用是终止本次循环，也可以理解为跳过本次循环，进入下一次循环。continue 语句的使用格式如下：

```
1.   while( True) :
2.      if( 判断条件 ) :
3.          continue
```

【示例 5-5】

计算 1 ~ 100 中除 5 和 5 的倍数以外的所有整数的和。在文本模式下编写如下程序：

```
1.   s = 1
2.   a = 2
3.   for i in range(99):
4.      if(a % 5 == 0):
5.          a = a + 1
6.          continue
7.      s = s + a
8.      a = a + 1
9.   print(s)
```

【代码解析】

只需在案例 5-1 的基础上添加第 4 ~ 6 行语句，即判定出 5 或者 5 的倍数，把该数增加 1 后，使用 continue 语句终止本次循环，执行下一次循环。

【程序运行结果】

程序运行结果如图 5-11 所示，可见 1 ~ 100 中除 5 和 5 的倍数以外的所有整数的和为 4000。

图 5-11　示例 5-5 的程序运行结果

案例 5-4：国王的麦粒数

【案例说明】

在印度有一个古老的传说：舍罕王打算奖赏国际象棋的发明人——宰相西萨·班·达依尔。国王问他想要什么，他对国王说："陛下，请您在这张棋盘的第 1 个小格里，赏给我 1 粒麦子，在第 2 个小格给 2 粒，第 3 个小格给 4 粒，以后每一小格都比前一小格增加一倍。请您把这样摆满棋盘上所有 64 格的麦粒，都赏给您的仆人吧！"国王觉得这个要求太容易满足了，就命令给他这些麦粒。人们把一袋一袋的麦子搬来开始计数时，国王才发现：就算把全印度甚至全世界的麦粒都拿来，也满足不了这位宰相的要求。那么，宰相要求得到的麦粒到底有多少呢？

【案例编程】

通过案例说明发现，本案例与案例 5-2 类似，案例 5-2 是一个等差数列的求和问题，本案例是一个等比数列的求和问题，程序如下所示：

```
1.  s = 1
2.  a = 1
3.  for i in range(63):
4.      a = a*2
5.      s = s + a
6.  print(a)
```

【代码解析】

循环次数确定，因此使用一个有限循环即可完成计算。

第 1 行：定义变量 s，用于存放每次相加的和。

第 2 行：定义变量 a，作为每格中的麦粒数。

第 3 行：使用 for 循环，总共有 64 个数相加，共需要循环 63 次。

第 4 行：每次累加前，先把麦粒数增加 1 倍。

第 5 行：累加求和。

第 6 行：输出 64 格的麦粒数的总和。

【程序运行结果】

程序运行结果如图 5-12 所示，可见 64 格的麦粒数的总和是一个非常大的数字，这些麦子究竟有多少呢？举个例子，如果造一个仓库来放这些麦子，仓库高 4m，宽 10m，仓库的长度就等于地球到太阳的距离的 2 倍。要生产这么多的麦子，全世界需要 2000 年。尽管印度舍罕王非常富有，但这样多的麦子他是怎么也拿不出来的。这么一来，舍罕王就欠了宰相很大一笔债。要么是忍受宰相没完没了的讨债，要么是干脆砍掉他的脑袋。结果究竟如何，史书上并没有记载。从这个故事不难看出，在古代，印度对等比数列的数学问题已有一定的研究。

图 5-12　案例 5-4 的程序运行结果

总结与练习

【本章小结】

本章主要学习了循环，循环分为有限循环和无限循环。有限循环主要通过 for 循环语句实现，无限循环主要通过 while 循环语句实现。通过循环语句的使用，可以非常方便地解决诸如累加、累乘的运算。还要熟练掌握 break 和 continue 语句的用法，break 语句表示退出整个循环，continue 语句表示退出本次循环。

【巩固练习】

阶乘的计算，如 3! 表示 3×2×1。编写一段 Python 程序，计算 1+2!+3!+⋯ 10! 的结果。

● 目标要求

通过该练习，熟练掌握循环语句及循环嵌套的用法。

● 编程提示

（1）理解阶乘的含义。

（2）使用循环语句，计算一个数的阶乘结果。

（3）使用循环嵌套，计算阶乘相加的结果。

第 6 章

程序中的流水线：
编程中的常用函数

📖 **本章导读**

　　流水线，又称装配线，是工业上的一种生产方式，指每个生产单位只专注处理某个片段的工作，以提高工作效率及产量。函数就好像是程序中的流水线，在编程中灵活使用函数，可以有效地提高编程效率。

扫一扫，看视频

6.1 函数

函数是组织好的、可重复使用的、用来实现单一功能或相关联功能的代码段。简单地理解，函数就是具备一定功能的代码段。

Python 中函数的应用非常广泛，前面已经接触过多个函数，如 input、print、range、len 函数，这些都是 Python 中的内置函数，可以直接使用。

函数能提高应用的模块性和代码的重复利用率。除了可以直接使用的内置函数外，Python 中还支持自定义函数，即将一段有规律的、可重复使用的代码定义成函数，从而达到一次编写、多次调用的目的。

下面通过一个示例理解函数的作用。前面学习了 abs 函数，通过该函数可以得到一个数的绝对值。不妨设想一下，如果没有 abs 函数，要想获取一个字符串的长度，该如何实现呢？

【示例 6-1】

编写一段程序，输入一个数，输出这个数的绝对值。程序如下所示：

```
1.   data = input(" 请输入一个整数: ")
2.   data = int(data)
3.   if(data > 0):
4.       data = data
5.   else:
6.       data = -data
7.   print(data)
```

【程序运行结果】

程序运行结果如图 6-1 所示。总共运行了 2 次程序，第一次输入 100，输出的绝对值也是 100；第二次输入 –100，输出的绝对值还是 100。这段程序的功能与 abs 函数的功能一致。

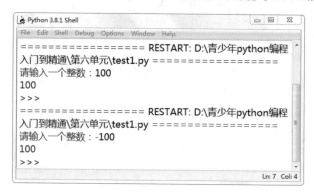

图 6-1　示例 6-1 的程序运行结果

6.2 自定义函数

如果在一段程序中需要多次求绝对值，则上面求绝对值的程序是不是需要编写多次呢？当然不是，Python 提供了很好的解决重复编写代码的问题——函数。除了 Python 提供的函数（即内置函数）之外，还可以自定义函数。

6.2.1 函数的定义方法

在 Python 中，如果遇到需要重复编写代码的情况，则可以考虑自定义函数。自定义函数的格式如下：

```
1.  def 函数名 ( 参数 1, 参数 2,...):
2.      在函数中要做的事情
3.      return 要返回的数据
```

在 Python 中，自定义函数需要使用关键字 def。

第 1 行：在 def 后面紧跟函数名，函数名的命名规则与变量名的命名规则一样。在函数名后是一对小括号，在小括号中填写参数，函数的参数可有可无，根据实际情况自行定义。在小括号后面必须跟冒号（：）。

第 2 行：在函数内部填写需要执行的语句，凡是属于函数内部的语句都要缩进。

第 3 行：根据实际情况，可以选择使用 return 语句返回数据，也可以不返回。

6.2.2 最简单的函数

下面定义一个最简单的函数，即不带参数也不带返回值的函数。

【示例 6-2】

定义一个函数，专门用于输出字符串 "hello，world！"。程序如下所示：

```
1.  def hello( ):
2.      print("hello,world!")
3.  hello()
```

【代码解析】

第 1 行：使用 def 关键字，定义一个名为 hello 的函数。

第 2 行：函数的内容，或者说是函数的功能，输出字符串"hello，world！"。

第 3 行：调用函数。

函数在定义后不会自动执行，只有该函数被调用时才会执行。

【程序运行结果】

程序运行结果如图 6-2 所示，成功执行函数内部的语句。

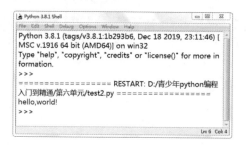

图 6-2　示例 6-2 的程序运行结果

6.2.3　带一个参数的函数

在示例 6-2 的程序中，每调用一次 hello 函数，就会输出一行字符串"hello，world！"。如果想要输出多行字符串"hello，world！"，应该怎么做呢？有两种办法：方法一是多次调用函数，这样函数中的语句会被执行多次，就可以输出多行字符串"hello，world！"；方法二是给函数添加一个参数，输出的行数通过参数传入。很明显方法二更加简单方便。

【示例 6-3】

编写带一个参数的函数。程序如下所示：

```
1.  def hello(n):
2.      for i in range(n):
3.          print("hello,world!")
4.  hello(6)
```

【代码解析】

第 1 行：在函数名后面的小括号中添加一个参数 n，在此 n 又称为形参，即形式参数。

第 2 行：在函数内部使用 for 循环。

第 3 行：在循环语句内部使用 print 函数，输出字符串"hello，world！"。

第 4 行：调用 hello 函数并传入一个整数 6，在此整数 6 又称为实参，即实际参数。

【程序运行结果】

程序运行结果如图 6-3 所示，输出了 6 行字符串"hello，world！"。由此可见，通过给函数定义适当的参数，可以使编程效率更高。

图 6-3　示例 6-3 的程序运行结果

6.2.4　带多个参数的函数

在 Python 中，一个函数可以定义任意多个参数，每个参数间用逗号分隔。用这种方式定义的函数，在调用时也必须在函数名后面的小括号中提供个数相等的实际参数，而且顺序必须相同。也就是说，在这种调用方式中，形参和实参的个数必须一致，而且必须逐一对应，即第一个形参对应着第一个实参。

【示例 6–4】

编写带两个参数的函数。程序如下所示：

```
1.   def add(a,b):
2.       c = a+b
3.       print(c)
4.   add(100,200)
5.   add(235,365)
```

【代码解析】

第 1 行：在函数名后面的小括号中添加两个形参 a 和 b。

第 2 行：定义变量 c，并把 a+b 的和赋值给变量 c。

第 3 行：使用 print 函数输出变量 c 的值。

第 4 行：调用 add 函数，并传入实参 100 和 200。

第 5 行：再次调用 add 函数，并传入实参 235 和 265。

【程序运行结果】

程序运行结果如图 6–4 所示，第 1 行输出 100 与 200 的和 300；第 2 行输出 235 与 365 的和 600。

图 6-4　示例 6-4 的程序运行结果

6.2.5　有默认值的参数

在调用带多个参数的函数时，有些地方非常容易出错，即实参的个数和顺序必须与形参一致。有些函数既可以传递一个参数，也可以传递两个参数，如 print 函数，当不需要换行时，就不用传递"end=' '"这个参数，当需要换行时，再添加该参数。这是怎么实现的呢？答案就是，在定义函数的时候给参数设置默认值。

【示例 6-5】

编写带两个参数的函数，其中一个参数带默认值。程序如下所示：

```
1.   def add(a,b=0):
2.       c = a+b
3.       print(c)
4.   add(100)
5.   add(100,b=200)
6.   add(100,200)
```

【代码解析】

第 1～3 行：定义 add 函数，带有两个参数 a 和 b；参数 a 没有默认值，参数 b 的默认值为 0。

第 2 行：把参数 a 和参数 b 相加后的和赋值给变量 c。

第 3 行：输出变量 c 的值。

第 4 行：调用 add 函数并传入一个参数，由于带默认值的参数不用传值，因此参数 a 的值为 100。

第 5、6 行：传入两个参数时，可以使用第 5 行的方法，也可以使用第 6 行的方法。

【程序运行结果】

程序运行结果如图 6-5 所示。

图 6-5　示例 6-5 的程序运行结果

6.2.6　带一个返回值的函数

在 Python 中，除了可以定义带参数的函数外，还可以根据实际需要定义带返回值的函数。如果想要定义这样一个函数：计算两个数的和并能够使用这个和，且不需要把和输出。这时就可以考虑给函数添加返回值。

【示例 6-6】

编写一个带返回值的函数，输入一个学生语文、数学、外语三科的成绩，并返回该学生三科成绩的平均分。程序如下所示：

```
1.    def sum( ):
2.        a = input("请输入语文成绩: ")
3.        b = input("请输入数学成绩: ")
4.        c = input("请输入英语成绩: ")
5.        d = int(a)+int(b)+int(c)
6.        return(d)
7.    s = sum()
8.    aver = s/3
9.    print("三个数的平均值为: ",aver)
```

【代码解析】

第 1～6 行：定义 sum 函数。

第 2～4 行：分别获取语文、数学、英语三科的成绩。

第 5 行：使用 int 函数，分别把输入的成绩转换为整数类型并相加，然后把相加的和赋给变量 d。

第 6 行：使用 return 函数返回 d。

第 7 行：调用 sum 函数，并把返回值赋给变量 s。

第 8 行：计算三科成绩的平均分。

第 9 行：使用 print 函数输出该学生的平均分。

【程序运行结果】

程序运行结果如图 6-6 所示，分别输入语文成绩 98、数学成绩 96、英语成绩 97，程序输出平均分 97.0。

图 6-6　示例 6-6 的程序运行结果

6.2.7　带多个返回值的函数

与函数的形参一样，函数也可以有多个返回值。一般情况下，如果返回值的个数不超过 3 个，则在 return 后面分别填写返回值，并用逗号分隔；如果返回值的个数超过 3 个，则可以把返回值放入集合中，然后使用 return 语句返回这个集合。

【示例 6-7】

编写一个带两个返回值的函数，该函数的功能是返回 3 个数中的最大数和最小。程序如下所示：

```
1.  def max_min():
2.      a = input("请输入整数1：")
3.      b = input("请输入整数2：")
4.      c = input("请输入整数3：")
5.      a = int(a)
6.      b = int(b)
7.      c = int(c)
8.      if(a>b and a>c):
9.          max = a
10.         if(b>c):
11.             min = c
12.         else:
13.             min = b
14.     if(b>a and b>c):
15.         max =  b
16.         if(a>c):
17.             min = c
18.         else:
19.             min = a
20.     if(c>a and c>b):
21.         max =  c
22.         if(a>b):
23.             min = b
24.         else:
25.             min = a
26.     return max,min
27. max,min = max_min()
28. print("最大数：",max)
29. print("最小数：",min)
```

【代码解析】

第 1 ～ 26 行：定义函数 max_min，需要注意的是，第 26 行中使用 return 语句返回两个数据。

第 27 行：调用该函数，并把函数的返回值赋给两个变量。

第 28、29 行：分别输出函数的返回值。

【程序运行结果】

程序运行结果如图 6-7 所示，分别输入 3 个数 300、100、280，输出的最大数为 300，最小数为 100。

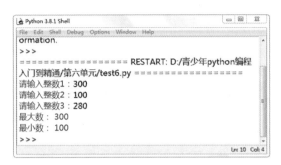

图 6-7　示例 6-7 的程序运行结果

案例 6-1：福格的环球之旅

【案例说明】

《八十天环游地球》的主人公福格是一位冷静理智、做事有条不紊的英国人，他和改良俱乐部的成员下了两万英镑的赌注——他可以八十天完成环游地球。于是福格带着法国仆人出发，两人在历尽艰险之后顺利地按期回到英国,福格不但赢取了赌注,在旅途中也意外地收获了美好的爱情。

【案例编程】

已知福格当年的环球之旅分为两部分：水路和陆路，水路行程为 32000km，陆路行程为 8000km。编写一段程序，输入两人每小时水路和陆路的行进速度，输出环球之旅需要的总天数。假如一天 24 个小时中有 12 个小时在路上。

```
1.   def get_speed():
2.       speed1 = input("请输入水路速度:")
3.       speed1 = int(speed1)
4.       speed2 = input("请输入陆路速度:")
5.       speed2 = int(speed2)
6.       return speed1,speed2
7.   def times(distance,speed):
8.       hours = distance/speed
9.       hours = round(hours,1)
10.      return hours
11.  def main():
12.      sp1,sp2 = get_speed()
13.      t1 = times(32000,sp1)
14.      t2 = times(8000,sp2)
```

```
15.      hours   = t1 + t2
16.      days = hours / 12
17.      days = round(days,1)
18.      print(" 福格的环球之旅总共需要: "+str(days)+" 天 ")
19.  main()
```

【代码解析】

程序中总共定义了 3 个函数。

第 1 ~ 6 行: 定义 get_speed 函数，用于获取水路和陆路的行进速度，并使用 return 语句返回这两个速度。

第 7 ~ 10 行: 定义 times 函数, 用于计算水路或者陆路所用时间, 并返回该时间, 单位为小时。

第 11 ~ 18 行: 定义 main 函数，在该函数中首先调用 get_speed 函数获取速度，调用 times 函数计算出用时；然后把水路和陆路用时相加，得到总时间，如第 15 行；第 16 行把总时间（小时）转换为天数，因为每天只有 12 个小时在路上，所以总时间除以 12，得到总天数；第 18 行输出总天数。

第 19 行: 调用 main 函数。

【程序运行结果】

程序运行结果如图 6-8 所示，输入水路速度为"60"，陆路速度为"200"，计算并输出环球之旅总共需要 47.8 天。

图 6-8　案例 6-1 的程序运行结果

6.3 函数的嵌套与递归

函数的嵌套是"在函数调用中再调用其他函数"。也就是说，允许在一个函数中调用另外一个函数。递归是一种特殊的嵌套，函数的递归是在函数中调用该函数本身。

6.3.1　函数的嵌套

函数的嵌套分为两种情况: 一种是在函数中定义并调用另外一个函数；另一种是在函数中单纯地调用另外一个函数。

【示例 6-8】

在函数中定义并调用另外一个函数。在文本模式下编写如下程序：

```
1.  def a():
2.      print("-----a-----")
3.      def b():
4.          print("-----b-----")
5.      b()
6.  a()
```

【代码解析】

程序中定义了两个函数：函数 a 和函数 b，并且函数 b 的定义和调用都是在函数 a 的内部。

第 1 ～ 5 行：定义函数 a。

第 2 行：输出字符串 "-----a-----"。

第 3、4 行：定义函数 b，并输出字符串 "-----b------"。

第 5 行：调用函数 b。

第 6 行：调用函数 a。

【程序运行结果】

程序运行结果如图 6-9 所示，先输出了字符串 "-----a-----"，再输出字符串 "-----b-----"。

图 6-9　示例 6-8 的程序运行结果

【示例 6-9】

在函数中仅调用另一个函数，而不定义它。在文本模式下编写如下程序：

```
1.  def a():
2.      print("-----a-----")
3.  def b():
4.      print("-----b-----")
5.      a()
6.  b()
```

【代码解析】

程序中同样定义了两个函数：函数 a 和函数 b。

第 1、2 行：定义函数 a，并输出字符串 "-----a-----"。

第 3～5 行：定义函数 b。

第 4 行：输出字符串 "-----b-----"。

第 5 行：在函数 b 中调用函数 a。

第 6 行：调用函数 b。

【程序运行结果】

程序运行结果如图 6-10 所示，先输出了字符串 "-----b-----"，再输出字符串 "-----a-----"。

图 6-10　示例 6-9 的程序运行结果

案例 6-2：全功能计算器

【案例说明】

在 5.2.1 节的示例 5-4 中，编写了一个实现加法计算的程序。下面编写一个带有加、减、乘、除运算的计算器。

【案例编程】

程序中需要带有加、减、乘、除运算，因此可以把每种运算定义为一个函数。在文本模式下编写如下程序：

```
1.  a = input("请输入第一个数：")
2.  b = input("请输入第二个数：")
3.  def add(a,b):
4.      c = int(a)+int(b)
5.      return c
6.  def sub(a,b):
7.      c = int(a)-int(b)
8.      return c
9.  def mult(a,b):
```

```
10.       c = int(a)*int(b)
11.       return c
12. def div(a,b):
13.       c = int(a)/int(b)
14.       return c
15. print(" 相加的结果为：",add(a,b))
16. print(" 相减的结果为：",sub(a,b))
17. print(" 相乘的结果为：",mult(a,b))
18. print(" 相除的结果为：",div(a,b))
```

【代码解析】

程序中共定义了 4 个函数：add 函数、sub 函数、mult 函数和 div 函数。

第 1、2 行：获取用户输入的数据，并赋给变量 a 和变量 b。

第 3 ～ 5 行：定义加法函数 add。

第 6 ～ 8 行：定义减法函数 sub。

第 9 ～ 11 行：定义乘法函数 mult。

第 12 ～ 14 行：定义除法函数 div。

第 15 ～ 18 行：调用加、减、乘、除 4 个函数，并输出运算结果。

【程序运行结果】

程序运行结果如图 6-11 所示，输入 60 和 30 后，分别输出 60 和 30 相加、相减、相乘和相除的结果。

图 6-11　案例 6-2 的程序运行结果

6.3.2　函数的递归

函数的递归是在函数中调用该函数本身。如果一个函数在内部调用其本身，则这个函数就是递归函数。

递归函数具有如下特性：

（1）必须有一个明确的结束条件。

（2）每次在进入更深一层递归时，问题的规模相比上次递归应有所减少。

（3）相邻两次递归之间要有紧密的联系，前一次要为后一次做准备（通常前一次的输出作为后一次的输入）。

下面举例说明递归函数的用法。计算 1 ～ 100 中所有整数之和，可以通过循坏和递归两种方式实现。

【示例 6-10】

使用循环方式，计算 1 ～ 100 中所有整数之和，程序如下所示：

```
1.   def sum(n):
2.       s = 0
3.       for i in range(1,n+1) :
4.           s += i
5.       print(s)
6.   sum(100)
```

【代码解析】

第 1 ～ 5 行：定义 sum 函数。

第 2 行：定义一个变量 s。

第 3、4 行：使用 for 循环计算累加和。

第 5 行：输出累加和。

第 6 行：调用 sum 函数。

【程序运行结果】

程序运行结果如图 6-12 所示。

图 6-12　示例 6-10 的程序运行结果

【示例 6-11】

使用递归方式，计算 1 ～ 100 中所有整数之和，程序如下所示：

```
1.   def sum(n):
2.       if n>0:
3.           return n +sum(n-1)
4.       else:
5.           return 0
6.   s = sum(100)
7.   print(s)
```

【代码解析】

第 1～5 行：定义 sum 函数。

第 2 行：判断变量 n 是否满足条件。

第 3 行：返回变量 n 和前 n–1 项的累加和。

第 4、5 行：判断如果 n 为 0，结束程序。

第 6 行：调用 sum 函数，并把函数 sum 的返回值赋给变量 s。

第 7 行：输出变量 s 的值。

【程序运行结果】

程序运行结果如图 6–13 所示。

图 6-13　示例 6-11 的程序运行结果

6.4　局部变量与全局变量

在 Python 中，根据变量的作用域大小，将变量分为局部变量和全局变量。下面讲解局部变量和全局变量的作用与使用方法。

6.4.1　局部变量

根据字面意思可知，局部变量只在局部起作用，作用域比较小。一般情况下，在函数内部定义的变量称为局部变量。局部变量只能在函数内部使用，如果超出使用范围（函数外部）则会报错。

【示例 6-12】

这里举一个正确使用局部变量的例子，来说明局部变量的作用域。程序如下所示：

```
1.   def fun():
2.       a = 100
3.       print(a)
4.   fun()
```

【代码解析】

第 1～3 行：定义 fun 函数。

第 2 行：在 fun 函数内部定义一个变量 a，并赋值为 100。

第 3 行：在 fun 函数内部调用 print 函数，输出变量 a 的值。

第 4 行：调用 fun 函数。

【程序运行结果】

程序运行结果如图 6-14 所示。

图 6-14　示例 6-12 的程序运行结果

【示例 6-13】

这里举一个错误使用局部变量的例子。程序如下所示：

```
1.   def fun():
2.       a = 100
3.   print(a)
```

【代码解析】

第 1～3 行：定义 fun 函数。

第 2 行：在 fun 函数内部定义一个变量 a，并赋值为 100。

第 3 行：在 fun 函数外部调用 print 函数，输出变量 a 的值。

【程序运行结果】

程序运行结果如图 6-15 所示，在执行 print(a) 时，出现 "NameError: name 'a' is not defined" 的提示错误，即找不到变量 a。因为变量 a 是 fun 函数内部的一个局部变量，作用域只在 fun 函数内部，故在 fun 函数外部不能调用它。

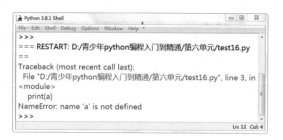

图 6-15　示例 6-13 的程序运行结果

6.4.2　全局变量

与局部变量对应的是全局变量，全局变量在整个 py 文件中声明，即在函数外部定义。全局变量在全局范围内可以使用。

【示例 6-14】

这里举一个全局变量使用方法的例子。程序如下所示：

```
1.   a = 100
2.   def fun():
3.       a = 10
4.       print(a)
5.   fun()
6.   print(a)
```

【代码解析】

第 1 行：定义一个全局变量 a，并赋值为 100。

第 2～4 行：定义 fun 函数。

第 3 行：在 fun 函数内部定义一个局部变量 a，并赋值为 10。

第 4 行：在 fun 函数内部调用 print 函数，输出变量 a 的值。

第 5 行：调用 fun 函数。

第 6 行：调用 print 函数，输出全局变量 a 的值。

【程序运行结果】

程序运行结果如图 6-16 所示，第 1 行输出的是局部变量 a 的值 10，第 2 行输出的是全局变量 a 的值 100。

图 6-16　示例 6-14 的程序运行结果

6.4.3　global 关键字

如果想要在函数外部使用局部变量，则可以使用 global 关键字声明该变量为全局变量。需要注意的是，global 声明必须放在函数的第 1 行。

【示例 6-15】

程序如下所示：

```
1.   a = 100
2.   def fun():
```

```
3.      global a
4.      a = 10
5.      print(a)
6.  fun()
7.  print(a)
```

【代码解析】

第 1 行：定义一个全局变量 a，并赋值为 100。

第 2 ～ 5 行：定义 fun 函数。

第 3 行：在 fun 函数内部使用 global 声明全局变量 a。

第 4 行：重新给全局变量 a 赋值为 10。

第 5 行：在 fun 函数内部调用 print 函数，输出变量 a 的值。

第 6 行：调用 fun 函数。

第 7 行：调用 print 函数，输出全局变量 a 的值。

【程序运行结果】

程序运行结果如图 6-17 所示。

图 6-17　示例 6-15 的程序运行结果

6.5　模块

随着代码量的增多，一个文件中的代码会越来越长，越来越难看懂。为了编写可维护的代码，可以把很多函数分组，放到不同的文件中，形成一个模块，以便于维护和组织调用。

6.5.1　模块概述

在 Python 中，一个 .py 文件就称为一个模块（Module）。模块有什么好处呢？复用代码非常方便！如果我写了一个模块，你也写了一个模块，就有了两个模块。把这些模块都组织起来，我们都可以少写很多代码。

6.5.2　自定义模块的使用方法

下面举例说明自定义模块的使用方法。

第 1 步：先定义一个 test 模块，如图 6-18 所示。

图 6-18　定义 test 模块

第 2 步: 创建一个新的 py 文件 test1.py，其程序如图 6–19 所示。在第 1 行中导入 test 模块；在第 2 行中调用 test 模块的 sum 函数，并使用变量 a 接收 sum 函数的返回值；第 3 行输出变量 a 的值。test1.py 的程序运行结果如图 6–20 所示。

图 6-19　在 test1.py 中使用 test 模块　　　　图 6-20　test1.py 的程序运行结果

还可以使用 from test import sum 的导入方式，这样就可以直接使用 test 模块的 sum 函数，而不用再执行 test.sum。

总结与练习

【本章小结】

本章主要学习了函数的相关内容，包括函数的定义、带参函数的定义和使用，以及带返回值函数的定义和使用。通过函数的使用，大大减少了重复代码，增强了程序的可读性，同时程序显得更加清晰明了。还学习了递归函数和模块，一定要明确区分函数的递归与嵌套的差别。最后学习了如何自定义一个模块，以及自定义模块的使用方法。

【巩固练习】

猴子第一天摘下若干个桃子，当即吃了一半，还不过瘾，又多吃了一个。第二天早上又将第一天剩下的桃子吃掉一半，又多吃了一个。以后每天早上都吃了前一天剩下的一半零一个。到第十天早上想再吃时，发现只剩下一个桃子了。编写程序，求猴子第一天摘了多少个桃子。

● **目标要求**

该练习主要考查读者分析问题的能力，以及使用编程方法解决问题的能力。

● **编程提示**

(1) 分析问题，采取逆向思维的方法，从后往前推断。

(2) 根据分析得到：x1=(x2+1)×2，x1 为前一天剩下的桃子个数，x2 为后一天吃的桃子个数。

(3) 编程并使用循环语句，即可求出第一天所摘桃子的总数。

第 7 章

字符的集合：
程序代码中字符串的使用

本章导读

字符串是 Python 中的基本数据类型，在 Python 中凡是被引号包裹起来的数据统称为字符串。Python 不支持单字符类型，单字符在 Python 中也是作为一个字符串使用的。

扫一扫，看视频

7.1 字符串的定义

字符串就是"一串字符"，如"Hello, world"是一个字符串，"你好, Python"也是一个字符串。字符串的内容几乎包含任何字符，英文字符和中文字符都可以。

字符串的创建比较简单，可以使用类名，也可以使用引号创建。下面通过示例逐一介绍。

【示例 7-1】

使用 str 类名创建一个空字符串，在 Shell 交互模式下输入如下语句：

```
1.  >>> s = str()
2.  >>> s
3.  ''
4.  >>> type(s)
5.  <class 'str'>
```

【代码解析】

第 1 行：使用 str 类完成一个空字符串 s 的创建。

第 2 行：查看字符串 s 中的内容，因为 s 是一个空字符串，所以第 3 行输出了一对单引号，引号中没有任何元素。

第 4 行：使用 type 函数查看变量 s 的类型。

第 5 行：输出变量 s 为一个 str 类，即字符串类型。

【示例 7-2】

使用一对引号创建一个空字符串，在 Shell 交互模式下输入如下语句：

```
1.  >>> s = ""
2.  >>> s
3.  ''
4.  >>> type(s)
5.  <class 'str'>
```

【代码解析】

第 1 行：使用一对引号完成一个空字符串 s 的创建。

第 2～5 行：与使用 str 类创建字符串一致。

【示例 7-3】

使用一对引号创建一个非空字符串，在 Shell 交互模式下输入如下语句：

```
1.  >>> s = "hello,world"
2.  >>> s
3.  'hello,world'
4.  >>> type(s)
5.  <class 'str'>
```

【代码解析】

第 1 行：使用一对引号完成一个非空字符串 s 的创建。

第 2 行：查看字符串 s 中的内容。

第 3 行：输出字符串 s 中的全部字符。

第 4～5 行：查看并输出字符串 s 为 str 类，即为字符串类型。

 ## 7.2 字符串的运算

在 Python 中，字符串是有序的、不可变的字符集合，可以使用索引的方式访问字符串中的任意字符。字符串还可以与字符串相加、与整数相乘。

7.2.1 字符串与字符串相加

字符串与字符串相加，即两个字符串的连接。

【示例 7-4】

实现两个字符串相加，在 Shell 交互模式下输入如下语句：

```
1.   >>> s1 = "hello"
2.   >>> s2 = "Python"
3.   >>> s = s1 + s2
4.   >>> s
5.   'helloPython'
```

【代码解析】

第 1 行：定义字符串 s1 并赋值为 hello。

第 2 行：定义字符串 s2 并赋值为 Python。

第 3 行：把字符串 s1 与字符串 s2 相加后的结果赋值给变量 s。

第 4、5 行：查看变量 s 的值，可见变量 s 的值为 s1 和 s2 的拼接。

7.2.2 字符串与整数相乘

字符串与整数相乘，和字符串与字符串相加类似，可以理解为多个字符串相加，相乘后的结果仍为字符串。

【示例 7-5】

实现字符串与整数相乘，在 Shell 交互模式下输入如下语句：

```
1.   >>> s1 = "hello"
2.   >>> s = s1 * 6
3.   >>> s
4.   'hellohellohellohellohellohello'
```

【代码解析】

第 1 行：定义字符串 s1 并赋值为 hello。

第 2 行：把字符串 s1 与整数 6 相乘后的结果赋值给变量 s。

第 3 行：查看变量 s 的值。

第 4 行：输出了 6 个字符串 "hello" 拼接后的结果。

7.2.3 字符串切片

切片是取部分元素的操作，是 Python 中特有的功能，不只是字符串，后面学习的列表、元组都支持切片操作。Python 中的切片非常灵活，用一行代码就可以实现很多行循环才能完成的操作。切片操作有 3 个参数 [start: stop: step]，其中，start 是切片的起始位置；stop 是切片的结束位置（不包括）；step 可以不提供值，默认值是 1，且 step 可以为负数。

【示例 7-6】

字符串的切片，在 Shell 交互模式下编写如下程序：

```
1.    >>> s = "abcdefghijk"
2.    >>> s[1:2]
3.    'b'
4.    >>> s[1:10]
5.    'bcdefghij'
6.    >>> s[1:10:3]
7.    'beh'
8.    >>> s[1:10:2]
9.    'bdfhj'
```

【代码解析】

第 1 行：创建一个字符串 s，s 的值为 "abcdefghijk"。

第 2、3 行：从索引为 1 开始取，总共取出 2-1 即 1 个字符。

第 4、5 行：从索引为 1 开始取，总共取出 10-1 即 9 个字符。

第 6、7 行：以 step 为 3 总共取出 3 个字符。

第 8、9 行：以 step 为 2 总共取出 5 个字符。可见，切片后的字符会组成一个新的字符串。

7.2.4 遍历字符串

所谓遍历，是指沿着某条搜索路线，依次对树中每个结点均做一次且仅做一次访问。简单地说，对字符串的遍历就是把字符串中的每一个字符都操作（输出）一次。

【示例 7-7】

如何遍历字符串呢？在此对字符串做最简单的遍历，即把列表中的元素一个一个地输出。在

Shell 模式下编写如下程序：

```
1.  >>> s = "abcdefghijk"
2.  >>> for i in s:
3.      print(i)
4.  a
5.  b
6.  c
7.  d
8.  e
9.  f
10. g
11. h
12. i
13. j
14. k
```

【代码解析】

第 1 行：创建一个字符串 s，s 的值为 "abcdefghijk"。

第 2、3 行：使用 for 循环语句遍历字符串 s，在循环语句中，使用 print 函数输出变量 i 的值。

第 4 ～ 14 行：为程序输出结果，即遍历的结果。可见，字符串 s 中的字符被一行一行全部输出。

7.3 字符串的常用函数

Python 为操作字符串提供了很多内建函数，可以使用这些内建函数非常容易地实现对字符串的各种复杂操作。

7.3.1 isdigit 函数

一个字符串中可以有字母、数字、中英文符号、汉字等字符。如何判断一个字符串是否为纯数字呢？ Python 提供了一个专门的判断函数——isdigit 函数。isdigit 函数的语法见表 7-1。

表 7-1 isdigit 函数的语法

项　目	语法说明
函　数	str.isdigit()
参　数	无
返回值	如果字符串 str 中只包含数字，则返回 True；否则返回 False

【示例 7-8】

isdigit 函数的使用方法如下，在 Shell 模式下编写如下程序：

```
1.   >>> s1 = "abc12"
2.   >>> s1.isdigit()
3.   False
4.   >>> s2 = "123"
5.   >>> s2.isdigit()
6.   True
7.   >>> s3 = "3.14"
8.   >>> s3.isdigit()
9.   False
```

【代码解析】

第1～3行：定义字符串 s1，s1 中有字母和数字，因此使用 isdigit 函数进行判断时，第3行程序输出为 False。

第4～6行：定义字符串 s2，s2 中只有数字，因此第6行程序输出为 True。

第7～9行：定义字符串 s3，s3 由数字和小数点组成，因此第9行程序输出为 False。

7.3.2 isnumeric 函数

isnumeric 函数的功能与 isdigit 函数一样，用于判断一个字符串中是否只含有数字。isnumeric 函数的语法见表 7-2。

表 7-2 isnumeric 函数的语法

项　目	语法说明
函　数	str.isnumeric()
参　数	无
返回值	如果字符串 str 中只包含数字，则返回 True；否则返回 False

【示例 7-9】

isnumeric 函数的使用方法如下，在 Shell 模式下编写如下程序：

```
1.   >>>s1 = "122"
2.   >>> s1.isnumeric()
3.   True
4.   >>>s2 = "abc222"
5.   >>> s2.isnumeric()
6.   False
```

【代码解析】

第1～3行：定义字符串 s1，s1 中只有数字，因此第3行程序输出为 True。

第4～6行：定义字符串 s2，s2 中有字母和数字，因此第6行程序输出为 False。

7.3.3　isalpha 函数

isalpha 函数专门用于判断一个字符串中是否只含有字母。isalpha 函数的语法见表 7-3。

表 7-3　isalpha 函数的语法

项　目	语法说明
函　数	str.isalpha()
参　数	无
返回值	如果字符串 str 中只包含字母，则返回 True；否则返回 False

【示例 7-10】

isalpha 函数的使用方法如下，在 Shell 模式下编写如下程序：

```
1.   >>>s1 = "hello"
2.   >>> s1.isalpha()
3.   True
4.   >>>s2 = "123abc"
5.   >>> s2.isalpha()
6.   False
```

【代码解析】

第 1 ～ 3 行：定义字符串 s1，s1 中只有字母，因此第 3 行程序输出为 True。

第 4 ～ 6 行：定义字符串 s2，s2 中有字母和数字，因此第 6 行程序输出为 False。

案例 7-1：判断密码强弱

【案例说明】

密码强度是指一个密码在对抗恶意猜测和暴力破解时的有效程度，一般指一个未授权的访问者获得正确密码的平均尝试次数。强密码可以降低安全漏洞的整体风险。

【案例编程】

判断密码的强弱可以从几方面入手：密码长度是否低于 8 位，密码是否包含字母，密码是否包含数字。根据这三点，在文本模式下编写如下程序：

```
1.   def check_number(password_str):
2.       for c in password_str:
3.           if c.isnumeric():
4.               return True
5.       return False
6.   def check_letter(password_str):
7.       for c in password_str:
```

```
8.            if c.isalpha():
9.                return True
10.        return False
11.  def main():
12.        password = input('请输入密码：')
13.        level = 0
14.        if len(password) >= 8:
15.            level += 1
16.        else:
17.            print('长度要求至少8位！')
18.        if check_number(password):
19.            level += 1
20.        else:
21.            print('密码要求包含数字！')
22.        if check_letter(password):
23.            level += 1
24.        else:
25.            print('密码要求包含字母！')
26.        if level == 3:
27.            print('密码强度合格！')
28.        else:
29.            print('密码强度不合格！')
30.  main()
```

【代码解析】

程序中共定义了 3 个函数：一个用于判断密码中是否包含数字；一个用于判断密码中是否包含字母；一个是主函数。

第 1～5 行：定义函数 check_number，遍历字符串，并使用 isnumeric 函数判断密码中是否含有数字，有数字则返回 True，否则返回 False。

第 6～10 行：定义函数 check_letter，遍历字符串，并使用 isalpha 函数判断密码中是否含有字母，有字母则返回 True，否则返回 False。

第 11～29 行：定义主函数 main，获取密码输入，先判断密码长度，然后调用函数 check_number 判断密码中是否包含数字，最后调用函数 check_letter 判断密码中是否包含字母。以上 3 个条件中成立 1 个，则给变量 level 加 1；如果 level 等于 3，说明上面 3 个条件都满足，密码强度合格，否则不合格。

【程序运行结果】

运行程序，输入一个包含数字和字母的密码，但长度低于 8 位，程序提示密码长度不够，密码强度不合格，如图 7-1 所示。

运行程序，输入一个只包含数字的密码，长度大于 8 位，程序提示密码中不包含字母，密码强度不合格，如图 7-2 所示。

图 7-1　密码长度不够

图 7-2　密码没有字母

运行程序，输入一个只包含字母的密码，长度大于 8 位，程序提示密码中不包含数字，密码强度不合格，如图 7-3 所示。

运行程序，输入一个包含字母和数字的密码，长度大于 8 位，密码满足要求，密码强度合格，如图 7-4 所示。

图 7-3　密码没有数字

图 7-4　密码强度合格

7.3.4　upper 函数

有时字符串中有大写字母，也有小写字母。为了方便处理，一般会把字符串中的字母统一转换为大写，或者统一转换为小写。upper 函数可以将字符串中的小写字母转为大写字母。upper 函数的语法见表 7-4。

表 7-4　upper 函数的语法

项　　目	语法说明
函　　数	str.upper()
参　　数	无
返回值	返回全部为大写字母的字符串

【示例 7-11】

upper 函数的使用方法如下，在 Shell 模式下编写如下程序：

```
1.  >>> s = "abcDEF"
2.  >>> s1 = s.upper()
3.  >>> s1
4.  'ABCDEF'
5.  >>> s
6.  'abcDEF'
```

【代码解析】

第 1 行：定义字符串变量 s，并赋值为"abcDEF"。

第 2 行：使用 upper 函数把字符串 s 中的小写字母转换为大写字母，并把转换后的字符串赋值给变量 s1。

第 3、4 行：查看变量 s1 的值，可见字符串中全部为大写字母。

第 5、6 行：查看变量 s 的值，可见 s 的值没有改变，与第 1 行定义字符串变量时一样。

7.3.5 lower 函数

Python 提供了把大写字母转换为小写字母的函数——lower 函数。lower 函数将字符串中的大写字母转换为小写字母。lower 函数的语法见表 7-5。

表 7-5　lower 函数的语法

项　目	语法说明
函　数	str.lower()
参　数	无
返回值	返回全部为小写字母的字符串

【示例 7-12】

lower 函数的使用方法如下，在 Shell 模式下编写如下程序：

```
1.  >>> s = "abcDEF"
2.  >>> s1 = s.lower()
3.  >>> s1
4.  'abcdef'
5.  >>> s
6.  'abcDEF'
```

【代码解析】

第 1 行：定义字符串变量 s，并赋值为"abcDEF"。

第 2 行：使用 lower 函数把字符串 s 中的大写字母转换为小写字母，并把转换后的字符串赋值给变量 s1。

第 3、4 行：查看变量 s1 的值，可见字符串中全部为小写字母。

第 5、6 行：查看变量 s 的值，可见 s 的值没有改变，与第 1 行定义字符串变量时一样。

7.3.6　find 函数

find 函数用于检测字符串中是否包含子字符串 str。如果指定了 beg（开始）和 end（结束）参数的值，则检查在指定范围内是否包含子字符串，如果包含子字符串，则返回开始的索引值，否则返回 −1。find 函数的语法见表 7−6。

表 7-6　find 函数的语法

项　目	语法说明
函　数	str.find(str, beg=0, end=len(string))
参　数	str：指定检索的字符串 beg：开始索引，默认为 0 end：结束索引，默认为字符串的长度
返回值	如果包含子字符串，则返回开始的索引值，否则返回 -1

【示例 7−13】

find 函数的使用方法如下，在 Shell 模式下编写如下程序：

```
1.   >>> s = "abcef12345abcef12345"
2.   >>> s.find("abc")
3.   0
4.   >>> s.find("abc",1)
5.   10
6.   >>> s.find("cba")
7.   -1
```

【代码解析】

第 1 行：定义字符串变量 s，并赋值为"abcef12345abcef12345"。

第 2 行：使用 find 函数在字符串 s 中查找字符串"abc"，从索引为 0 的位置开始查找。

第 3 行：返回结果为 0，即在字符串 s 中索引为 0 的位置找到字符串"abc"。

第 4 行：同样在字符串 s 中查找字符串"abc"，但是查找位置从索引 1 开始。

第 5 行：返回结果为 10，即在索引为 10 的位置查找到字符串"abc"。

第 6 行：同样在字符串 s 中查找字符串"cba"，查找位置从索引 0 开始。

第 7 行：返回结果为 −1，即在字符串 s 中没有找到字符串"cba"。

7.3.7 replace 函数

replace 函数把字符串中的旧字符串（old）替换成新字符串（new）。如果指定第三个参数 max，则替换不超过 max 次。replace 函数的语法见表 7–7。

表 7-7　replace 函数的语法

项　目	语法说明
函　数	str.replace(old, new[, max])
参　数	old：将被替换的子字符串 new：新字符串，用于替换 old 子字符串 max：可选，字符串替换不超过 max 次
返回值	返回将字符串中的 old 替换成 new 后生成的新字符串

【示例 7-14】

replace 函数的使用方法如下，在 Shell 模式下编写如下程序：

```
1.    >>> s = "abcef12345abcef12345"
2.    >>> s.replace("abcef","AA")
3.    'AA12345AA12345'
4.    >>> s.replace("abcef","AA",1)
5.    'AA12345abcef12345'
6.    >>> s.replace("abcef","AA",2)
7.    'AA12345AA12345'
```

【代码解析】

第 1 行：定义字符串变量 s，并赋值为"abcef12345abcef12345"。
第 2 行：使用 replace 函数把字符串 s 中的所有"abcef"字符串替换为字符串"AA"。
第 3 行：可见字符串"abcef"全部被替换为字符串"AA"。
第 4 行：使用 replace 函数把字符串 s 中的第一个"abcef"字符串替换为字符串"AA"。
第 5 行：可见第一个"abcef"字符串被替换为字符串"AA"。
第 6 行：使用 replace 函数把字符串 s 中的前两个"abcef"字符串替换为字符串"AA"。
第 7 行：可见前两个"abcef"字符串被替换为字符串"AA"。

7.3.8 split 函数

split 函数通过指定的分隔符对字符串进行切片，如果参数 num 有指定值，则切分成 num+1 个子字符串。split 函数的语法见表 7–8。

表 7-8　split 函数的语法

项　　目	语法说明
函　　数	str.split(str="", num=string.count(str))
参　　数	str：分隔符，默认为所有的空字符，包括空格、换行 (\n)、制表符 (\t) 等 num：切分次数。默认为 -1，即切分所有子字符串
返回值	返回切分后的字符串列表

【示例 7-15】

split 函数的使用方法如下，在 Shell 模式下编写如下程序：

```
1.    >>> s = "abc,def,hello,class"
2.    >>> s.split(",")
3.    ['abc', 'def', 'hello', 'class']
4.    >>> s.split(",",2)
5.    ['abc', 'def', 'hello,class']
```

【代码解析】

第 1 行：定义字符串变量 s，并赋值为"abc,def,hello,class"。

第 2 行：使用 split 函数以逗号","切分字符串 s。

第 3 行：返回一个列表，列表中存放的是字符串 s 被切分后的 4 个字符串。

第 4 行：使用 split 函数以逗号（,）切分字符串 s，只切分 2 次。

第 5 行：返回一个列表，列表中存放的是字符串 s 被切分后的 3 个字符串。

7.4　字符串的格式化

格式化即输出固定格式的字符串，例如输出类似"亲爱的 xxx 你好！你 xx 月的话费是 xx，余额是 xx"的字符串，xxx 的内容是根据变量变化的，所以需要一种简便的格式化字符串的方式。

在 Python 中提供了 3 种格式化字符串的方法：format 函数、% 格式化、f-string 方法。

7.4.1　使用 format 函数格式化字符串

从 Python 2.6 开始，新增了一种格式化字符串的函数 str.format()，它增强了对字符串格式化的功能。format 函数的参数不限制个数，参数位置可以不按顺序。format 函数的语法见表 7-9。

表 7-9　format 函数的语法

项　　目	语法说明
函　　数	str.format(*args,**kwargs)

项　目	语法说明
参　数	args：字符串 kwargs：键值对（key=values）
返回值	返回格式化后的字符串

【示例 7-16】

format 函数的使用方法如下，不填写位置索引，按默认方式填充字符串。在 Shell 模式下编写如下程序：

```
1.   >>> s =  "{}abc{}def".format("111","222")
2.   >>> s
3.   '111abc222def'
```

【代码解析】

第 1 行：定义字符串变量 s，s 中有两个占位符"{}"，使用 format 函数分别给两个占位符填充"111"和"222"。

第 2 行：查看字符串 s 的值。

第 3 行：输出字符串 s 格式化后的值，可见字符串"111"和"222"已经存在字符串 s 中了。

【示例 7-17】

通过位置索引填充字符串，在 Shell 模式下编写如下程序：

```
1.   >>> s =  "{1}abc{0}def".format("111","222")
2.   >>> s
3.   '222abc111def'
```

【代码解析】

第 1 行：定义字符串变量 s，s 中有两个占位符"{}"，两个占位符中分别填写位置索引 1 和 0；然后使用 format 函数分别给两个占位符填充"111"和"222"。

第 2 行：查看字符串 s 的值。

第 3 行：索引为 1 的占位符被"222"字符串替换，索引为 0 的占位符被"111"字符串替换。

【示例 7-18】

通过键值对的方式填充字符串，在 Shell 模式下编写如下程序：

```
1.   >>> s =  "{a}abc{b}def".format(b = "111",a = "222")
2.   >>> s
3.   '222abc111def'
```

【代码解析】

第 1 行：定义字符串变量 s，s 中有两个占位符"{}"，两个占位符中分别填写 a 和 b；然后使用 format 函数分别给两个占位符填充"111"和"222"，a 位置填充"222"字符串，b 位置填充"111"字符串。

第 2 行：查看字符串 s 的值。

第 3 行：两个占位符已经被对应的字符串填充。

7.4.2 使用百分号（%）格式化字符串

在字符串内部，可以先使用"%"占位符进行占位，然后使用替换内容替换占位符；"%s"表示用字符串替换；"%d"表示用整数替换。如果有两个或两个以上的占位符，后面就跟对应数量的变量或值，变量和值应该放在括号中，顺序要逐一对应；如果只有一个占位符，可以省略括号。常见的占位符见表 7-10。

表 7-10 常见的占位符

占位符	替换内容
%d	整数
%f	浮点数
%s	字符串
%x	十六进制整数

【示例 7-19】

如果填充内容是一个字符串类型的数据，则使用"%s"占位符，在 Shell 模式下编写如下程序：

```
1.   >>> s = "hello%s"
2.   >>> s1 = s%"world"
3.   >>> s1
4.   'helloworld'
5.   >>> s
4.   'hello%s'
```

【代码解析】

第 1 行：定义字符串变量 s，并赋值为"hello%s"。

第 2 行：使用"%"填充字符串 s 中的"%s"占位符，填充内容"world"紧跟在"%"后面，并把填充后的字符串赋值给变量 s1。

第 3、4 行：查看变量 s1 的值，可见填充内容"world"已经存在 s1 中。

第 5、6 行：查看变量 s 的值，可见变量 s 没有改变。

【示例 7-20】

如果填充内容是一个整数类型的数据，则使用"%d"占位符。如果有多个占位符，替换内容需要放在小括号中并用逗号分隔。在 Shell 模式下编写如下程序：

```
1.   >>> s = "今天是 %d 年 %d 月 %d 日"
2.   >>> s1 = s%(2020,12,12)
3.   >>> s1
4.   '今天是 2020 年 12 月 12 日'
```

【代码解析】

第 1 行：定义字符串变量 s，并赋值为"今天是 %d 年 %d 月 %d 日"。

第 2 行：使用"%"填充字符串 s 中的"%d"占位符，填充内容分为 2020、12、12，放在小括号中，并用逗号分隔，把填充后的结果赋值给变量 s1。

第 3、4 行：查看变量 s1 的值，可见填充内容已经存在 s1 中。

7.4.3 格式化以 f 开头的字符串

最后一种格式化字符串的方法是使用以 f 开头的字符串，称为 f-string。它和普通字符串的不同之处在于，字符串中如果包含 {xxx}，就会以对应的变量进行替换。

【示例 7-21】

如果填充内容是一个字符串类型的数据，则使用"{}"占位符。在 Shell 模式下编写如下程序：

```
1.   >>> s1 = 100
2.   >>> s2 = 200
3.   >>> s3  = s1 + s2
4.   >>> s4 = f"{s1}+{s2}={s3}"
5.   >>> s4
6.   '100+200=300'
```

【代码解析】

第 1 行：定义变量 s1，并赋值为整数 100。

第 2 行：定义变量 s2，并赋值为整数 200。

第 3 行：定义变量 s3，把 s1+s2 的和赋值给变量 s3。

第 4 行：使用变量 s1、变量 s2、变量 s3 填充带 f 字符的字符串"{s1}+{s2}={s3}"，{s1} 被变量 s1 的值替换，{s2} 被变量 s2 的值替换，{s3} 被变量 s3 的值替换，并把填充后的结果赋值给变量 s4。

第 5、6 行：查看变量 s4 的值，可见占位符 {s1}、{s2}、{s3} 已经被对应的变量值替换。

7.5 字符编码

前面已经学过字符串也是一种数据类型，但比较特殊的是字符串还有一个编码问题。由于计算机只能处理数字，如果要处理文本，就必须先把文本转换为数字。最早的计算机在设计时采用 8 个比特（bit）作为 1 个字节（byte），所以 1 个字节能表示的最大整数是 255（二进制 11111111＝十进制 255）。如果要表示更大的整数，就必须使用更多的字节。例如，2 个字节可以表示的最大整数是 65535，4 个字节可以表示的最大整数是 4294967295。

计算机最早是美国人发明的，因此，最早只有 127 个字符被编码到计算机中，也就是大小写英文字母、数字和一些符号，这个编码表被称为 ASCII 编码。例如，大写字母 A 的编码是 65，小写字母 z 的编码是 122。要处理中文，显然 1 个字节是不够的，至少需要 2 个字节，而且不能和 ASCII 编码冲突，所以，我国制定了 GB2312 编码，用来把中文编进计算机。全世界有上百种语言，日本把日文编到 Shift_JIS 中，韩国把韩文编到 Euc-kr 中，各国有各国的标准，就不可避免地会出现冲突，导致显示多语言混合的文本时会有乱码。

7.5.1　Unicode 编码

只使用 ASCII 编码会出现乱码情况，因此 Unicode 字符集应运而生。Unicode 标准把所有语言统一到一套编码里，这样就不会再有乱码问题了。Unicode 标准也在不断发展，最常用的是 UCS-16 编码，用 2 个字节表示 1 个字符（如果要用到非常生僻的字符，就需要 4 个字节）。现在的操作系统和大多数编程语言都直接支持 Unicode 编码。

ASCII 编码和 Unicode 编码的区别：ASCII 编码是 1 个字节，Unicode 编码通常是 2 个字节。

字母 A 用 ASCII 编码表示是十进制的 65，二进制的 01000001；字符 0 用 ASCII 编码表示是十进制的 48，二进制的 00110000，注意字符 0 和整数 0 是不同的。汉字"中"的长度已经超出了 ASCII 编码的范围，用 Unicode 编码是十进制的 20013，二进制的 01001110 00101101。

如果把 ASCII 编码的字母 A 用 Unicode 编码表示，只需要在前面补 0 就可以了，因此字母 A 的 Unicode 编码是 00000000 01000001。

7.5.2　UTF-8 编码

新的问题又出现了：如果统一成 Unicode 编码，乱码问题从此消失了。但是，如果写的文本基本上是英文，用 Unicode 编码比 ASCII 编码需要多一倍的存储空间，在存储和传输上十分不划算。

所以，本着节约的目的，又出现了把 Unicode 编码转换为"可变长编码"的 UTF-8 编码。UTF-8 编码把一个 Unicode 字符根据不同的数字大小编码成 1 ~ 6 个字节，常用的英文字母被编码成 1 个字节，汉字通常是 3 个字节，只有很生僻的字符才会被编码成 4 ~ 6 个字节。ASCII 编码、Unicode 编码和 UTF-8 编码的对比，见表 7-11。如果要传输的文本包含大量的英文字符，用 UTF-8 编码就能节省空间。

表 7-11　ASCII 编码、Unicode 编码与 UTF-8 编码的对比

字符	ASCII 编码	Unicode 编码	UTF-8 编码
A	01000001	00000000 01000001	01000001
中	无	01001110 00101101	11100100 10111000 10101101

从表 7-11 中还可以发现，UTF-8 编码有一个额外的好处，就是 ASCII 编码实际上可以被看成是 UTF-8 编码的一部分。所以，大量只支持 ASCII 编码的历史遗留软件可以在 UTF-8 编码下继续工作。

搞清楚了 ASCII 编码、Unicode 编码和 UTF-8 编码的关系，现在总结一下当前计算机系统通用的字符编码的工作方式：在计算机内存中，统一使用 Unicode 编码，当需要保存到硬盘或者需要传输时，就转换为 UTF-8 编码。用记事本进行编辑时，从文件中读取的 UTF-8 字符会被转换为 Unicode 字符存到内存中，编辑完成后，保存的时候再把 Unicode 字符转换为 UTF-8 字符保存到文件中。

7.5.3 ord 函数与 chr 函数

如何查看字符所对应的编码呢？对于单个字符的 ASCII 编码，Python 提供了 ord 函数，用于获取字符的整数表示，即该字符的 ASCII 编码。chr 函数用于把 ASCII 编码转换为对应的字符。

【示例 7-22】

ord 函数的使用示例如下，在 Shell 模式下编写如下程序：

```
1.    >>> ord("A")
2.    65
3.    >>> ord("a")
4.    97
5.    >>> ord(" 我 ")
6.    25105
7.    >>> ord(" 们 ")
8.    20204
```

【代码解析】

第 1、2 行：使用 ord 函数查看字符"A"对应的 ASCII 编码，为"65"。

第 3、4 行：使用 ord 函数查看字符"a"对应的 ASCII 编码，为"97"。

第 5、6 行：使用 ord 函数查看汉字"我"对应的 ASCII 编码，为"25105"。

第 7、8 行：使用 ord 函数查看字符"们"对应的 ASCII 编码，为"20204"。

【示例 7-23】

chr 函数的使用示例如下，在 Shell 模式下编写如下程序：

```
1.    >>> chr(66)
2.    'B'
3.    >>> chr(98)
4.    'b'
5.    >>> chr(20100)
6.    ' 凯 '
```

```
7.    >>> chr(20500)
8.    ' 倜 '
```

【代码解析】

第 1、2 行：使用 chr 函数查看 ASCII 编码 "66" 对应的字符，为字母 "B"。

第 3、4 行：使用 chr 函数查看 ASCII 编码 "98" 对应的字符，为字母 "b"。

第 5、6 行：使用 chr 函数查看 ASCII 编码 "20100" 对应的字符，为汉字 "剤"。

第 7、8 行：使用 chr 函数查看 ASCII 编码 "20500" 对应的字符，为汉字 "倜"。

案例 7-2：恺撒密码

【案例说明】

在密码学中，恺撒密码是一种最简单且最广为人知的加密技术。它是一种替换加密技术，明文中的所有字母都在字母表中向后（或向前）按照一个固定数目进行偏移，明文被替换成密文。例如，当偏移量为 3 时，所有的字母 A 将被替换成字母 D，字母 B 替换成字母 E，依此类推。这个加密方法是以恺撒的名字命名的，当年恺撒曾用此方法与其将军们联系。恺撒密码通常被作为其他更复杂的加密方法中的一个步骤。在现代的 ROT13 系统中还在应用恺撒密码。但是和所有利用字母表进行替换的加密技术一样，恺撒密码非常容易被破解，而且在实际应用中也无法保证通信安全。

【案例编程——加密】

根据上面的案例说明编写一段程序，输入偏移量和需要加密的信息，输出加密后的信息。程序如下所示：

```
1.    f = input(" 请输入偏移量 (1-25)：")
2.    f = int(f)
3.    data = input(" 请输入需要加密的信息：")
4.    s = ""
5.    i = 0
6.    while i<len(data):
7.        c = data[i]
8.        if "a"<=c<=chr(ord("z")-f) or "A"<=c<=chr(ord("W")-f):
9.            c = chr(ord(c)+f)
10.       elif chr(ord("z")-f-1) <=c<="z" or chr(ord("W")-f-1)<=c<="Z":
11.           c = chr(ord(c)-(26-f))
12.       s = s + c
13.       i = i + 1
14.   print(" 加密后的信息：",s)
```

【代码解析】

第 1、2 行：获取用户输入的偏移量，并转换为整数。

第 3 行：获取用户输入的需要加密的信息，并赋值给字符串变量 data。

第 4 行：定义空字符串 s，用于存放加密后的信息。

第 5 行：定义变量 i，用于记录次数。

第 6 ～ 13 行：进入 while 循环，对每个字符进行加密。

第 7 行：逐一取出字符串变量 data 中的字符。

第 8、9 行：判断该字符的范围。如果该字符加上偏移量后不大于最后一个字符 z 或者 Z，则直接将该字符加上偏移量。

第 10、11 行：如果该字符加上偏移量后大于最后一个字符 z 或者 Z，则将该字符减去（26-偏移量），因为总共 26 个字母。

第 12 行：把偏移后的字符累加，就是加密后的数据。

第 13 行：变量 i 加 1，即对下一个字符加密。

第 14 行：循环结束后，输出加密后的数据。

【程序运行结果】

完成上面的加密程序，现在对数据"hello，python！"进行加密，程序运行结果如图 7-5 所示，加密后的信息为"rovvy,zidryx!"。

图 7-5　加密信息

【案例编程——解密】

根据上面的案例说明，编写一段程序，输入偏移量和被加密后的信息，输出解密后的信息。程序如下所示：

```
1.    f = input("请输入偏移量(1-25)：")
2.    f = int(f)
3.    data = input("请输入被加密后的信息：")
4.    s = ""
5.    i = 0
6.    while i<len(data):
7.        c = data[i]
8.        if chr(ord("a")+f)<=c<="z"or chr(ord("A")+f)<=c<="Z":
```

```
9.          c = chr(ord(c)-f)
10.    elif "a"<=c<=chr(ord("a")+f-1) or "A"<=c<=chr(ord("A")+f-1):
11.          c = chr(ord(c)+(26-f))
12.    s = s + c
13.    i = i + 1
14. print("解密后的信息：",s)
```

【代码解析】

第 1、2 行：获取用户输入的偏移量，并转换为整数。

第 3 行：获取用户输入的需要解密的信息，并赋值给字符串变量 data。

第 4 行：定义空字符串 s，用于存放解密后的信息。

第 5 行：定义变量 i，用于记录次数。

第 6 ～ 13 行：进入 while 循环，对每个字符进行解密。

第 7 行：逐一取出字符串变量 data 中的字符。

第 8、9 行：判断该字符的范围。如果该字符减去偏移量后不小于第一个字符 a 或者 A，则直接将该字符减去偏移量。

第 10、11 行：如果该字符减去偏移量后小于第一个字符 a 或者 A，则将该字符加上（26– 偏移量），因为总共 26 个字母。

第 12 行：把偏移后的字符累加，就是解密后的数据。

第 13 行：变量 i 加 1，即对下一个字符解密。

第 14 行：循环结束后，输出解密后的数据。

【程序运行结果】

完成上面的解密程序，现在对数据"rovvy,zidryx!"进行解密，由加密程序知道该数据为"hello,python！"偏移量为 10 的加密数据。现在同样以偏移量 10 对数据"rovvy,zidryx!"进行解密。程序运行结果如图 7–6 所示，解密后的信息为"hello,python!"，与上面加密前的信息一模一样，所以成功解密。

图 7-6　解密信息

总结与练习

【本章小结】

本章主要学习了字符串类型的数据的相关知识，包括字符串的定义、字符串的运算、字符串的切片、字符串的遍历和字符串的相关函数；最后在案例 7-2 中实现了恺撒密码的加密和解密程序，可以非常神奇地对字符串进行加密和解密。

【巩固练习】

编写一段 Python 程序，完成如下功能：输入一段包含字母、数字、符号的字符串，编程实现把字母、数字、符号分离后分别输出。例如，输入数据为"abc,.;12\3d\ef8776hh!h"，程序输出结果为"abcdefhhh"，"1238776"和 ",.;\\!"。

- **目的要求**

通过该练习理解字符串的含义，掌握字符串的相关函数。

- **编程提示**

（1）使用 ord 函数确定"abcdefhhh"，"1238776"和 ",.;\\!"三个字符串中的字符编码范围。

（2）遍历原字符串，根据字符范围对原字符串进行分类。

第 8 章

爱画图的海龟：
turtle 绘图模块

📖 **本章导读**

　　单词 turtle 的中文释义是海龟，可以想象为一只海龟在海滩上自由自在地爬行，并留下它的爬行轨迹，就好像在绘图一样。Python 语言中 turtle 模块的功能和 Scratch 中的画笔功能类似。

扫一扫，看视频

8.1 turtle 模块简介

模块就是其他人写好的程序，又称为函数库，可以直接调用模块中的函数。turtle 模块不仅可以绘制一些简单的几何图形，如正方形、多边形、圆形，还可以画出一棵复杂的圣诞树，以及一些卡通人物、动物等。

8.1.1 海龟前进

了解了 turtle 模块的功能，接下来需要一个最基本的函数——forward 函数，该函数的功能就是让海龟向前爬行一段距离，即绘制一条直线。forward 函数的语法见表 8-1。

表 8-1 forward 函数的语法

项　　目	语法说明
函　　数	forward(distance)
参　　数	distance：前进距离，单位为像素
返回值	无

【示例 8-1】

forward 函数的使用方法如下，在文本模式下编写如下程序：

```
1.   import turtle
2.   turtle.forward(120)
```

【代码解析】

第 1 行：使用 import 关键字导入 turtle 模块。

第 2 行：调用 forward 函数，向当前方向前进 120 像素。

【程序运行结果】

程序运行结果如图 8-1 所示，在新弹出的窗口中出现了一条黑色线段，并带有一个向右的箭头，可以把小箭头理解为海龟。线段在窗口中心的右边，这是因为 turtle 模块绘图时默认的起点坐标为 (0,0)，而 (0,0) 坐标点就是新窗口的中心位置。turtle 模块的绘图方向默认为右，所以箭头方向向右。

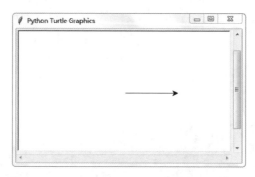

图 8-1　示例 8-1 的程序运行结果

8.1.2　隐藏海龟

turtle 模块提供了一个可以隐藏海龟的函数——hideturtle 函数，即隐藏图 8–1 中线段右侧的箭头。hideturtle 函数的语法见表 8–2。

表 8-2　hideturtle 函数的语法

项　目	语法说明
函　数	hideturtle()
参　数	无
返回值	无

【示例 8–2】

hideturtle 函数的使用方法如下，在文本模式下编写如下程序：

```
1.    import turtle
2.    turtle.forward(120)
3.    turtle.hideturtle()
```

【代码解析】

第 1 行：使用 import 关键字导入 turtle 模块。

第 2 行：调用 forward 函数，向当前方向前进 120 像素。

第 3 行：调用 hideturtle 函数隐藏海龟，即隐藏箭头。

【程序运行结果】

程序运行结果如图 8–2 所示，只绘制出线段而没有箭头，即海龟被隐藏了。

图 8-2　示例 8-2 的程序运行结果

8.1.3　海龟转向

海龟不仅会向前直行，还可以转向。有两个函数可以实现转向——left 和 right 函数。left 函数的语法见表 8-3。

表 8-3　left 函数的语法

项　目	语法说明
函　数	left(angle)
参　数	angle：左转角度
返回值	无

【示例 8-3】

left 函数的使用方法如下，在文本模式下编写如下程序：

```
1.    import turtle
2.    turtle.forward(120)
3.    turtle.left(90)
4.    turtle.forward(120)
```

【代码解析】

第 1 行：使用 import 关键字导入 turtle 模块。

第 2 行：调用 forward 函数，向当前方向前进 120 像素。

第 3 行：调用 left 函数，让箭头向左旋转 90°。

第 4 行：再次调用 forward 函数，向当前方向前进 120 像素。

【程序运行结果】

程序运行结果如图 8-3 所示，先从左到右画一条线段，然后向左旋转 90°，再从下到上画一条带箭头的线段。

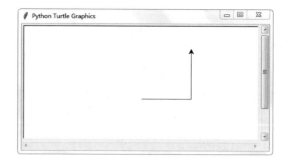

图 8-3　示例 8-3 的程序运行结果

用 turtle 模块画图不仅可以向左转向，还可以向右转向。向右转向的函数为 right 函数。right 函数的语法见表 8-4。

表 8-4　right 函数的语法

项　目	语法说明
函　数	right(angle)
参　数	angle：右转角度
返回值	无

【示例 8-4】

right 函数的使用方法如下，在文本模式下编写如下程序：

```
1.  import turtle
2.  turtle.forward(120)
3.  turtle.right(90)
4.  turtle.forward(120)
```

【代码解析】

第 1 行：使用 import 关键字导入 turtle 模块。

第 2 行：调用 forward 函数，向当前方向前进 120 像素。

第 3 行：调用 right 函数，让箭头向右旋转 90°。

第 4 行：再次调用 forward 函数，向当前方向前进 120 像素。

【程序运行结果】

程序运行结果如图 8-4 所示，先从左到右画一条线段，然后向右旋转 90°，再从上到下画一条带箭头的线段。

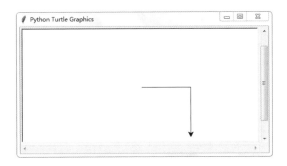

图 8-4　示例 8-4 的程序运行结果

8.2　绘制正多边形

　　了解了对海龟的基础操作之后，接下来可以使用 turtle 模块绘制一些简单的几何图形，如正三角形、正四边形等。

8.2.1 绘制正三角形

如何使用 turtle 模块绘制一个正三角形呢？正三角形就是三条边相等的三角形。

【示例 8-5】

使用 turtle 模块绘制一个边长为 100 的正三角形。正三角形的每个角都是 60°，因此在绘制三角形时，每画完一条线后，海龟的方向应该转 180° –60°，即 120°。在文本模式下编写如下程序：

```
1.   import turtle
2.   for i in range(3):
3.       turtle.forward(120)
4.       turtle.left(120)
5.   turtle.hideturtle()
```

【代码解析】

第 1 行：使用 import 关键字导入 turtle 模块。

第 2 行：使用 for 循环语句实现 3 次循环。

第 3 行：调用 forward 函数，向当前方向前进 120 像素。

第 4 行：调用 left 函数，让箭头向左旋转 120°。

第 5 行：隐藏海龟。

【程序运行结果】

程序运行结果如图 8-5 所示，一个边长为 120 像素的三角形已经成功地绘制出来。

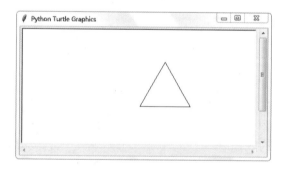

图 8-5　示例 8-5 的程序运行结果

8.2.2 绘制正方形

在 8.2.1 节中，通过一个 for 循环语句很容易地绘制了一个正三角形，接下来绘制一个正方形。

【示例 8-6】

使用 turtle 模块绘制一个边长为 100 的正方形。正方形的四个角都是 90°，并且边长相等。

只需稍微修改示例 8-5 中绘制正三角形的程序，就可以绘制出正方形。在文本模式下编写如下程序：

```
1.    import turtle
2.    for i in range(4):
3.        turtle.forward(120)
4.        turtle.left(90)
5.    turtle.hideturtle()
```

【代码解析】

第 1 行：使用 import 关键字导入 turtle 模块。

第 2 行：使用 for 循环语句实现 4 次循环。

第 3 行：调用 forward 函数，向当前方向前进 120 像素。

第 4 行：调用 left 函数，让箭头向左旋转 90°。

第 5 行：隐藏海龟。

【程序运行结果】

程序运行结果如图 8-6 所示，一个边长为 120 像素的正方形已经成功地绘制出来。

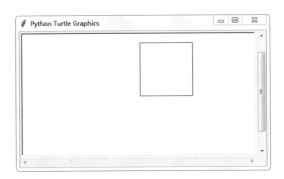

图 8-6　示例 8-6 的程序运行结果

8.2.3　计算正多边形的内角

正多边形的内角都是相等的。假设正多边形的边数为 a，计算该多边形的内角的公式为 $180 \times (a-2) / a$。将具体的边数代入该公式，可得：正五边形的内角是 $180 \times (5-2)/5 = 108°$；正六边形的内角是 $180 \times (6-2)/6 = 120°$。

【示例 8-7】

上面已经通过计算多边形的内角的公式求得，正六边形的内角为 120°。编写程序绘制一个正六边形，只需要简单地修改绘制正方形的程序即可。程序如下所示：

```
1.    import turtle
2.    for i in range(6):
3.        turtle.forward(120)
4.        turtle.left(60)
5.    turtle.hideturtle()
```

【程序运行结果】

程序运行结果如图 8-7 所示，可见一个边长为 120 像素的正六边形已经绘制成功。

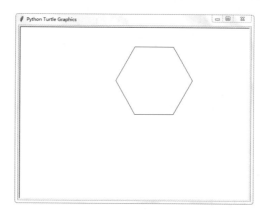

图 8-7　示例 8-7 的程序运行结果

案例 8-1：绘制任意正多边形

【案例说明】

绘制任意正多边形，即输入正多边形的边数和边长，程序即绘制出该正多边形。

【案例编程】

根据案例说明，再结合前面所学知识，可以非常容易地完成程序。程序如下所示：

```
1.    import turtle
2.    s = input("请输入多边形边数：")
3.    l = input("请输入多边形边长：")
4.    s = int(s)
5.    l = int(l)
6.    for i in range(s):
7.        turtle.forward(l)
8.        turtle.left(180-(180*(s-2)/s))
9.    turtle.hideturtle()
```

【代码解析】

程序在示例 8-7 的基础上增加了两个输入。

第 2～5 行：输入正多边形的边数和边长，并转换为整数类型。

第 6～9 行：绘制正多边形。

【程序运行结果】

运行程序，输入 3 时，成功绘制了一个正三角形，如图 8-8 所示。

再次运行程序，输入 9 时，成功绘制了一个正九边形，如图 8-9 所示。

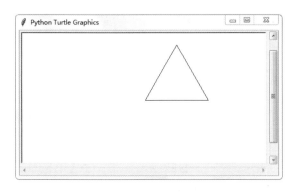
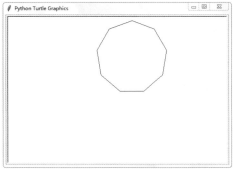

图 8-8　案例 8-1 的程序运行结果（1）　　　　图 8-9　案例 8-1 的程序运行结果（2）

 绘制圆形

至此已经掌握了使用 turtle 模块绘制正多边形的方法，使用 turtle 模块能否绘制圆形呢？答案是肯定的。下面讲解如何使用 turtle 模块绘制圆形。

8.3.1　circle 函数

在 turtle 模块中，绘制圆形的函数是 circle 函数。circle 函数的语法见表 8-5。

表 8-5　circle 函数的语法

项　目	语法说明
函　数	circle(radius, extent=None, steps=None)
参　数	radius：弧形的半径。当 radius 的值为正数时，圆心在当前位置 / 海龟左侧；当 radius 的值为负数时，圆心在当前位置 / 海龟右侧； extent：弧形的角度。无该参数，或参数为 None 时，绘制整个圆形；extent 的值为正数时，顺海龟当前所在方向绘制；extent 的值为负数时，逆海龟当前所在方向绘制； steps：正多边形的边数
返回值	无

8.3.2 绘制一个完整的圆形

【示例 8-8】

使用 circle 函数绘制一个完整的圆形，在文本模式下编写如下程序：

```
1.    import turtle
2.    turtle.circle(50)
3.    turtle.hideturtle()
```

【代码解析】

第 2 行：调用 circle 函数绘制圆形，圆的半径为 50 像素。

【程序运行结果】

程序运行结果如图 8-10 所示，已经成功地绘制出一个半径为 50 像素的圆形。

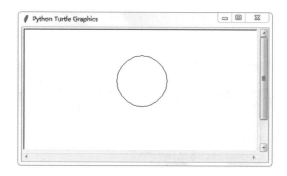

图 8-10　示例 8-8 的程序运行结果

8.3.3 绘制扇形

使用 circle 函数不仅可以绘制圆形，还可以绘制扇形。

【示例 8-9】

使用 circle 函数绘制一个扇形，在文本模式下编写如下程序：

```
1.    import turtle
2.    turtle.circle(50,180)
3.    turtle.hideturtle()
```

【代码解析】

第 2 行：在调用 circle 函数时，传递了两个参数；第一个参数为半径 50；第二个参数为弧度 180。一个完整的圆形的弧度应该是 360，在此传入参数为 180，表示只画半个圆，即扇形。

【程序运行结果】

程序运行结果如图 8-11 所示，只画出了圆形的一半。

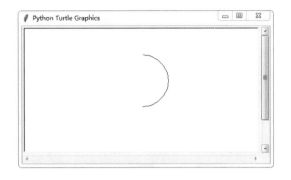

图 8-11　示例 8-9 的程序运行结果

8.3.4　使用 circle 函数绘制正多边形

除了 8.2 节中绘制正多边形的方法外，还可以使用 circle 函数绘制正多边形，而且更加简单、快捷。

【示例 8–10】

使用 circle 函数绘制正多边形，在文本模式下编写如下程序：

```
1.    import turtle
2.    turtle.circle(50,steps=7)
3.    turtle.hideturtle()
```

【代码解析】

第 2 行：在调用 circle 函数时，传递了两个参数，与示例 8–9 不同的是，第二个参数 steps 确定了正多边形的边数。

【程序运行结果】

程序运行结果如图 8–12 所示，成功地绘制了一个正七边形。

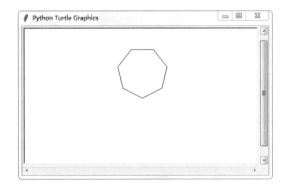

图 8-12　示例 8-10 的程序运行结果

在示例 8-10 的程序中，正七边形与半径 50 有什么关系呢？这里 50 是正七边形的外接圆的半径。什么是外接圆呢？与多边形的各顶点都相交的圆叫作多边形的外接圆。为了更容易理解，把示例 8-10 的程序稍微改动一下。

【示例 8-11】

把正七边形和其外接圆都绘制出来，在文本模式下编写如下程序：

```
1.  import turtle
2.  turtle.circle(50,steps=7)
3.  turtle.circle(50)
4.  turtle.hideturtle()
```

【代码解析】

在示例 8-10 的程序的基础上添加第 3 行代码，即把正七边形的外接圆也绘制出来。

【程序运行结果】

运行程序结果如图 8-13 所示，一个正七边形和其外接圆都成功地绘制出来了。

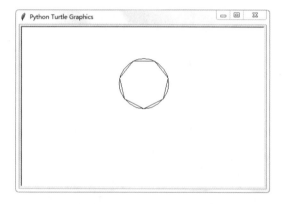

图 8-13　示例 8-11 的程序运行结果

8.4　turtle 模块的其他功能

前两节介绍了如何使用 turtle 模块编程以绘制单个多边形或圆形，那么如何绘制多个图形呢？本节将详细讲解使用 turtle 模块绘制多个图形，如奥运五环这种由 5 个圆形组成的图形。

8.4.1　绘制多个图形

使用 turtle 模块绘制多个图形的方法与平时画图的步骤一样，即画完一个图形后抬起画笔移动到画布的空白位置落笔再画。这就需要用到 3 个函数：penup（抬笔）、pendown（落笔）、setpos（移动画笔）。3 个函数的语法见表 8-6。

表 8-6 penup、pendown、setpos 函数的语法

函 数	功能说明
penup()	参数：无； 返回值：无； 功能：抬笔，使画笔离开画布
pendown()	参数：无； 返回值：无； 功能：落笔，使画笔接触画布
setpos(x,y)	参数：x 即 x 坐标，y 即 y 坐标； 返回值：无； 功能：移动画笔到（x,y）位置

需要注意，画布就是一个平面坐标系，坐标系的原点（0,0）在画布的中心，画笔的起点默认为（0,0）位置，默认方向为向右。之前的示例中，不论画的是正多边形还是圆形，都是从（0,0）位置开始，方向向右，因此可以解释图形为什么都在画布的右侧。

【示例 8-12】

有了 penup、pendown 和 setpos 这 3 个函数，在一张画布中就可以绘制多个图形了，如绘制一左一右两个圆形。在文本模式下编写如下程序：

```
1.   import turtle
2.   turtle.circle(50)
3.   turtle.penup()
4.   turtle.setpos(-120,0)
5.   turtle.pendown()
6.   turtle.circle(50)
7.   turtle.hideturtle()
```

【代码解析】

第 1 行：导入 turtle 模块。

第 2 行：先画一个半径为 50 的圆形，起始位置默认为（0,0）。

第 3 行：抬起画笔。

第 4 行：移动画笔到坐标（–120,0）的位置。

第 5 行：落笔。

第 6 行：在（–120,0）的位置上，再画一个半径为 50 的圆形。

第 7 行：隐藏海龟。

【程序运行结果】

程序运行结果如图 8–14 所示，成功地绘制出两个圆形。

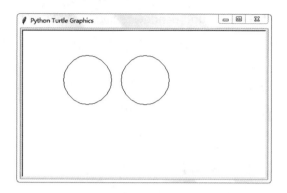

图 8-14　示例 8-12 的程序运行结果

8.4.2　设置画笔的粗细和颜色

使用 turtle 模块绘图时，画笔的粗细是可以改变的。在前面的绘图程序中，没有设置画笔的粗细，默认为 1 像素。设置画笔的粗细的函数是 pensize 函数。pensize 函数的语法见表 8-7。

表 8-7　pensize 函数的语法

项　目	语法说明
函　数	pensize（size=1）
参　数	size：单位为像素，默认为 1
返回值	无

turtle 模块中画笔的颜色可以是五颜六色的，设置画笔的颜色的函数为 pencolor 函数。pencolor 函数的语法见表 8-8。

表 8-8　pencolor 函数的语法

项　目	语法说明
函　数	pencolor（color）
参　数	color：画笔的颜色，如 red（红色）、green（绿色）
返回值	无

【示例 8-13】

针对示例 8-12 中绘制的一左一右两个圆形，现在给它们设置粗细和颜色，左边的圆为红色，线宽为 5；右边的圆为绿色，线宽为 10。在文本模式下编写如下程序：

```
1.    import turtle
2.    turtle.pencolor("green")
3.    turtle.pensize(10)
4.    turtle.circle(50)
```

```
5.   turtle.penup()
6.   turtle.setpos(-120,0)
7.   turtle.pendown()
8.   turtle.pencolor("red")
9.   turtle.pensize(5)
10.  turtle.circle(50)
11.  turtle.hideturtle()
```

【代码解析】

第 2 行：设置画笔的颜色为绿色。

第 3 行：设置画笔的粗细为 10 像素。

第 4 行：绘制一个粗细为 10、半径为 50 的绿色的圆形。

第 5 ~ 7 行：把画笔移动到（-120，0）的位置。

第 8 ~ 10 行：绘制一个粗细为 5、半径为 50 的红色的圆形。

【程序运行结果】

程序运行结果如图 8-15 所示，两个圆形一个为红色，另一个为绿色，并且粗细不同。

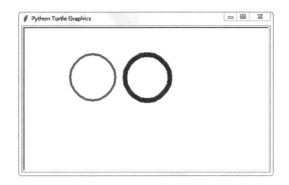

图 8-15　示例 8-13 的程序运行结果

使用 pencolor 函数设置画笔的颜色时，可能会发现很多颜色的单词不会拼写，这时可以使用 colormode 函数改变颜色模式。colormode 函数的语法见表 8-9。

表 8-9　colormode 函数的语法

项　目	语法说明
函　数	colormode（mode=None）
参　数	mode：取值为 1，表示 pencolor 函数需要用 0 ~ 1 的小数模式表示颜色；取值为 255，表示 pencolor 函数需要用 0 ~ 255 的整数模式表示颜色
返回值	无

【示例 8-14】

使用 colormode 函数设置颜色模式，绘制颜色渐变的回字图案。在文本模式下编写如下程序：

```
1.  import turtle
2.  turtle.colormode(255)
3.  turtle.pensize(5)
4.  r = 250
5.  g = 150
6.  b = 10
7.  s = 20
8.  x = -10
9.  y = -10
10. for i in range(10):
11.     turtle.pencolor(r,g,b)
12.     for i in range(4):
13.         turtle.forward(s)
14.         turtle.left(90)
15.     turtle.penup()
16.     turtle.setpos(x,y)
17.     turtle.pendown()
18.     s = s + 20
19.     x = x - 10
20.     y = y - 10
21.     r = r - 20
22.     g = g - 10
23.     b = b + 20
24. turtle.hideturtle()
```

【代码解析】

第 2 行：设置画笔的颜色模式为 rgb，并且数值范围为 0 ~ 255。

第 3 行：设置画笔的粗细为 5 像素。

第 4 ~ 6 行：定义 3 个变量 r、g、b，分别作为 3 种颜色的值，并对其赋初值。

第 7 行：定义变量 s 作为边长，并赋初值 20。

第 8、9 行：定义变量 x、y 作为画笔的移动位置。

第 10 ~ 23 行：进行 10 次循环。

第 11 行：每次循环开始都设置一次画笔颜色。

第 12 ~ 14 行：绘制一个正方形，变量 s 作为边长。

第 15 ~ 17 行：画完正方形以后，移动画笔到坐标（x,y）的位置。

第 18 行：每次画完正方形后，边长增加 20。

第 19、20 行：横坐标和纵坐标都减 10，即改变画笔的起始位置。

第 21 ~ 23 行：改变画笔的颜色 r、g、b 的值。

【程序运行结果】

程序运行结果如图 8–16 所示，这是一个由 10 个正方形组成的图形，从里到外，正方形的颜色逐渐变化。

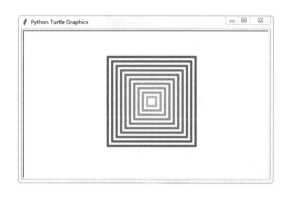

图 8-16　示例 8-14 的程序运行结果

8.4.3　设置画笔的移动速度和填充颜色

如果想要详细地观察绘图过程，可以把画笔的移动速度设置得慢一些。对于封闭图形也可以对其填充颜色。设置画笔的移动速度是使用 speed 函数。speed 函数的语法见表 8–10。

表 8-10　speed 函数的语法

项　目	语法说明
函　数	speed（speed=None）
参　数	speed：设置画笔的移动速度，速度为 [0,10] 的整数，数字越大，速度越快
返回值	无

填充封闭图形的颜色需要用到 3 个函数：begin_fill、end_fill 和 fillcolor，3 个函数的语法见表 8–11。

表 8-11　填充颜色函数的语法

函　数	功能说明
begin_fill()	参数：无； 返回值：无； 功能：开始填充

函　数	功能说明
end_fill()	参数：无； 返回值：无； 功能：结束填充
fillcolor(color)	参数：color，填充的颜色； 返回值：无； 功能：给封闭图形填充值为 color 的颜色

【示例 8-15】

一所九年义务教育学校的学生分布情况为，小学生人数为 1800，初中生人数为 1000，高中生人数为 800。使用填充颜色函数绘制饼形图，将学生分布情况呈现在图中。程序如下所示：

```
1.  import turtle
2.  turtle.hideturtle()
3.  turtle.penup()
4.  turtle.setpos(0,-50)
5.  turtle.pendown()
6.  turtle.pensize(1)
7.  def fun(c,s):
8.      turtle.begin_fill()
9.      turtle.fillcolor(c)
10.     turtle.circle(100,s)
11.     turtle.left(90)
12.     turtle.forward(100)
13.     turtle.end_fill()
14.     turtle.left(180)
15.     turtle.forward(100)
16.     turtle.left(90)
17. fun("red",1800/(1800+1000+800)*360)
18. fun("green",1000/(1800+1000+800)*360)
19. fun("blue",800/(1800+1000+800)*360)
20. turtle.hideturtle()
```

【代码解析】

第 1～6 行：隐藏海龟，移动画笔到（0，-50）的位置，设置画笔的粗细为 1。

第 7～16 行：定义函数 fun，用于绘制一个扇形，扇形角度与填充颜色通过参数传入。

第 17 行：调用函数 fun，绘制表示小学生人数的扇形，并填充为红色。

第 18 行：调用函数 fun，绘制表示初中生人数的扇形，并填充为绿色。

第 19 行：调用函数 fun，绘制表示高中生人数的扇形，并填充为蓝色。

第 20 行：隐藏海龟。

【程序运行结果】

程序运行结果如图 8-17 所示，红色区域表示小学生人数，面积最大；绿色区域表示初中生人数，面积小于红色区域；蓝色区域的面积最小，表示高中生人数。

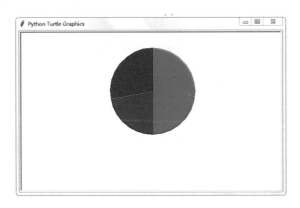

图 8-17　示例 8-15 的程序运行结果

案例 8-2：绘制分形树

【案例说明】

如图 8-18 所示，是使用 turtle 模块绘制的一棵分形树，请编写程序以绘制图形。

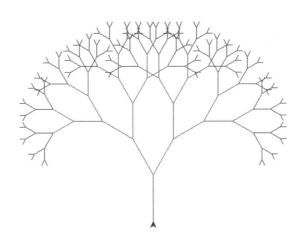

图 8-18　分形树

【案例编程】

由图 8-18 可知，分形树具有对称性和自相似性，可以利用递归函数绘制。只要确定初始树枝的长度、每层树枝减短的长度和树枝分叉的角度，就可以把分形树绘制出来。程序如下所示：

```
1.   import turtle as tl
2.   def draw_smalltree(tree_length,tree_angle):
3.       if tree_length >= 3:
4.           tl.forward(tree_length)
5.           tl.right(tree_angle)
6.           draw_smalltree(tree_length - 10,tree_angle)
7.           tl.left(2 * tree_angle)
8.           draw_smalltree(tree_length -10,tree_angle)
9.           tl.rt(tree_angle)
10.          if tree_length <= 30:
11.              tl.pencolor('green')
12.          if tree_length > 30:
13.              tl.pencolor('brown')
14.          tl.backward(tree_length)
15.  def main():
16.      tl.penup()
17.      tl.left(90)
18.      tl.backward(250)
19.      tl.pendown()
20.      tree_length = 80
21.      tree_angle = 30
22.      draw_smalltree(tree_length,tree_angle)
23.      tl.exitonclick()
24.  main()
```

【代码解析】

第 1 行：导入 turtle 模块。

第 2 ～ 14 行：定义绘制分形树的函数 draw_smalltree，这是一个递归函数。

第 15 ～ 23 行：定义主函数 main。

第 24 行：调用主函数 main。

【程序运行结果】

程序运行结果如图 8-19 所示，一棵完整的分形树已经绘制出来。

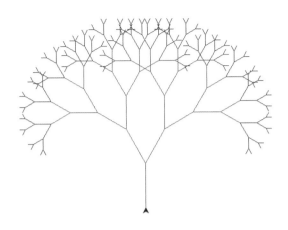

图 8-19　案例 8-2 的程序运行结果

总结与练习

【本章小结】

本章主要学习了 turtle 模块，使用 turtle 模块可以方便地绘制各种几何图形，如三角形、正方形、圆形，还可以给图形设置各种颜色。在案例 8-2 中结合递归函数，绘制了一棵分形树。

【巩固练习】

使用 turtle 模块绘制如图 8-20 所示的小房子，房顶是一个红色的等边三角形，下面是蓝色的正方形墙体和绿色的门框。

图 8-20　小房子

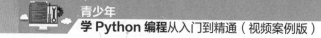
● **目的要求**

通过本练习，熟练使用 turtle 模块的相关函数，如前进、转向、填充颜色、移动画笔位置等。

● **编程提示**

（1）绘制上方的三角形房顶，边长设为 100。

（2）计算出正方形左上角的位置，画出正方形，注意左右对称。

（3）绘制绿色的门框。

第 9 章

装数据的盒子：
列表、元组和字典

📖 **本章导读**

    在前面的章节中，一般使用变量来存放数据，如果有多个数据，会使用多个变量。其实，Python 提供了存放多个数据的方法，即根据实际需要使用列表、元组或字典。

扫一扫，看视频

9.1 列表

列表是 Python 中最基本的数据结构，也是 Python 中最常用的数据类型。列表的数据项不需要具有相同的类型，即列表中可以有整数、浮点数和字符串，甚至可以有列表、元组和字典。

9.1.1 列表的创建

在使用列表之前，一般情况下需要先创建列表，然后对列表做相关操作。列表用方括号（[]）表示，各元素之间使用逗号（,）分隔。创建列表的方法比较多，可以使用 list 类创建，也可以使用方括号创建，在此介绍常见的几种方法。

【示例 9-1】

使用 list 类创建一个空列表，在 Shell 交互模式下输入如下语句：

```
1.  >>> a = list()
2.  >>> a
3.  []
4.  >>> type(a)
5.  <class 'list'>
```

【代码解析】

第 1 行：使用 list 类完成一个空列表 a 的创建。

第 2、3 行：查看列表 a 中的内容，因为 a 是一个空列表，所以第 3 行输出一对方括号，表示列表中没有任何元素。

第 4 行：使用 type 函数查看列表 a 的类型。

第 5 行：输出 a 为一个 list 类，即为列表类。

【示例 9-2】

使用一对方括号创建一个空列表，在 Shell 交互模式下输入如下语句：

```
1.  >>> a =[]
2.  >>> a
3.  []
4.  >>> type(a)
5.  <class 'list'>
```

【代码解析】

第 1 行：使用一对方括号完成一个空列表 a 的创建。

第 2～5 行：与使用 list 类创建列表的方法一致。

【示例 9-3】

使用一对方括号创建一个非空列表，在 Shell 交互模式下输入如下语句：

```
1.    >>> a = [" 香蕉 "," 苹果 "," 榴莲 "," 水蜜桃 "]
2.    >>> a
3.    [' 香蕉 ', ' 苹果 ', ' 榴莲 ', ' 水蜜桃 ']
4.    >>> type(a)
5.    <class 'list'>
```

【代码解析】

第 1 行：使用一对方括号完成一个非空列表 a 的创建，列表中有 4 个元素，即 4 种水果的名称。

第 2 行：查看 a 列表中的内容。

第 3 行：输出列表 a 中的全部元素。

9.1.2 列表的添加

Python 中的列表是可变的，即可以随时添加和删除其中的元素。除了在创建列表时给它添加元素外，在程序执行中，仍然可以改变列表中的元素，可以动态地给列表添加元素或者删除列表中的元素。那么如何向列表中添加元素呢？这时需要用到添加列表元素的函数——append 函数。

【示例 9–4】

给一个空列表添加 2 个元素，在 Shell 交互模式下输入如下语句：

```
1.    >>> a = []
2.    >>> a
3.    []
4.    >>> a.append(" 语文 ")
5.    >>> a
6.    [' 语文 ']
7.    >>> a.append(" 数学 ")
8.    >>> a
9.    [' 语文 ', ' 数学 ']
10.   >>> a.append(100)
11.   >>> a
12.   [' 语文 ', ' 数学 ',100]
```

【代码解析】

第 1 行：定义一个空列表 a。

第 2、3 行：查看列表 a 的内容，没有元素输出，即为一个空列表。

第 4 行：使用 append 函数向列表 a 中添加一个字符串"语文"。

第 5、6 行：查看列表 a 的内容，字符串"语文"已经成功添加到列表 a 中。

第 7 ～ 9 行：通过 append 函数成功地把字符串"数学"添加到列表 a 中。

第 10 ～ 12 行：使用同样的方法成功地把整数 100 添加到列表 a 中。

9.1.3　列表的删除

在 9.1.2 节中知道，除了可以动态添加列表中的元素外，还可以动态地删除列表中的元素。那么怎样动态地删除列表中的元素呢？在此介绍 3 种常用的方法。

【示例 9-5】

按元素值删除，需要用到 remove 函数。在 Shell 交互模式下输入如下语句：

```
1.   >>> a = [1,2,3,4,5,6]
2.   >>> a
3.   [1, 2, 3, 4, 5, 6]
4.   >>> a.remove(3)
5.   >>> a
6.   [1, 2, 4, 5, 6]
7.   >>> a.remove(5)
8.   >>> a
9.   [1, 2, 4, 6]
```

【代码解析】

第 1 行：定义一个非空列表 a，列表 a 中有 1、2、3、4、5、6 共 6 个整数。

第 2、3 行：查看列表 a 中的所有元素。

第 4 行：使用 remove 函数删除列表中值为 3 的元素。

第 5、6 行：查看列表 a 中的所有元素，此时列表 a 中只有元素 1、2、4、5、6，元素 3 已经被成功删除。

第 7～9 行：使用 remove 函数删除列表中值为 5 的元素。由第 9 行的输出结果可知，元素 5 已经被成功删除。

【示例 9-6】

使用 pop 函数按元素所在位置删除。列表是有序的，因此列表中的每个元素都有对应的位置序号，这个位置序号又称为索引。值得注意的是，列表的索引是从 0 开始的，而不是从 1 开始。

使用 pop 函数删除某一位置的元素，在 Shell 交互模式下输入如下语句：

```
1.   >>> a = [1,2,3,4,5,6]
2.   >>> a
3.   [1, 2, 3, 4, 5, 6]
4.   >>> a.pop(0)
5.   1
6.   >>> a
7.   [2, 3, 4, 5, 6]
8.   >>> a.pop(2)
9.   4
```

```
10. >>> a
11. [2, 3, 5, 6]
```

【代码解析】

第 1 行：定义一个非空列表 a，列表 a 中有 1、2、3、4、5、6 共 6 个整数。

第 4 行：使用 pop 函数删除列表中索引为 0 的元素，也就是第一个元素 1。

第 5 行：pop 函数返回被删除的元素 1。

第 6、7 行：查看列表中的所有元素，此时列表中只有元素 2、3、4、5、6，元素 1 已经被成功删除。

第 8 ～ 11 行：使用 pop 函数删除列表中索引为 2 的元素。由第 11 行的输出结果可知，元素 4 已经被成功删除。

【示例 9-7】

使用 del 函数删除某一位置的元素，在 Shell 交互模式下输入如下语句：

```
1.  >>> a = [1,2,3,4,5,6]
2.  >>> a
3.  [1, 2, 3, 4, 5, 6]
4.  >>> del a[0]
5.  >>> a
6.  [2, 3, 4, 5, 6]
7.  >>> del a[2]
8.  >>> a
9.  [2, 3, 5, 6]
```

【代码解析】

第 1 ～ 3 行：定义一个非空列表 a，列表 a 中有 1、2、3、4、5、6 共 6 个整数。

第 4 行：使用 del 函数删除列表中索引为 0 的元素，也就是第一个元素 1。

第 5、6 行：查看列表中的所有元素，此时列表中只有元素 2、3、4、5、6，元素 1 已经被成功删除。

第 7 ～ 9 行：使用同样的方法删除列表中索引为 2 的元素，此时元素 4 已经被成功删除。

上面介绍的 3 种方法都可以成功地删除列表中的元素，可以根据实际情况选择合适的方法。需要注意的是：如果使用 remove 函数删除一个列表中不存在的数据，程序会报错；同样地，使用 pop 函数和 del 函数时，如果元素的索引超出列表的最大索引，程序也会报错。

9.1.4　列表的修改

由于列表的可变性，可以随时向列表中添加元素，也可以删除列表中的元素，还可以修改列表中的元素。

【示例 9-8】

在学习如何修改列表中的元素之前，先来看看如何访问列表中的单个元素。要访问列表中的元素，可以使用元素在列表中的索引，在 Shell 交互模式下输入如下语句：

```
1.   >>> a = [1,2,3,4,5,6]
2.   >>> a[0]
3.   1
4.   >>> a[5]
5.   6
```

【代码解析】

第 1 行：定义列表 a，列表 a 中包含元素 1、2、3、4、5、6。

第 2、3 行：使用索引的方式取出列表中的第一个元素 1。

第 4、5 行：使用同样的方法取出索引为 5 的元素，即列表 a 的最后一个元素 6。

【示例 9-9】

修改列表中元素的方法很简单，即对该位置的元素重新赋值。在 Shell 交互模式下输入如下语句：

```
1.   >>> a = [1,2,3,4,5,6]
2.   >>> a
3.   [1, 2, 3, 4, 5, 6]
4.   >>> a[0] = 10
5.   >>> a
6.   [10, 2, 3, 4, 5, 6]
```

【代码解析】

第 1~3 行：定义一个非空列表 a，列表 a 中有 1、2、3、4、5、6 共 6 个整数。

第 4 行：修改列表中索引为 0 的元素，并重新赋值为 10。

第 5、6 行：查看列表中的所有元素，此时列表中的元素为 10、2、3、4、5、6，元素 1 已经被成功地修改为 10。

9.1.5　列表的遍历

列表的遍历与字符串的遍历方法一样，对列表的遍历就是把列表中的每个元素都操作（输出或者修改）一次。

【示例 9-10】

如何遍历列表呢？在此对列表做最简单的遍历，即把列表中的元素一个一个地输出。在文本模式下编写如下程序：

```
1.   a = [1,2,3,4,5,6]
2    for i in a:
3.       print(i)
```

【代码解析】

第 1 行：创建一个非空列表 a，列表 a 中的 6 个元素分别为 1、2、3、4、5、6。

第 2、3 行：使用 for 循环语句遍历列表 a，在循环语句中使用 print 函数输出变量 i 的值。

【程序运行结果】

程序运行结果如图 9-1 所示，列表 a 中的全部元素被逐行输出。

图 9-1　示例 9-10 的程序运行结果

9.1.6　列表的切片

列表的切片与字符串的切片一样，同样包括 3 个参数 [start: stop: step]。其中，start 是切片的起始位置；stop 是切片的结束位置（不包括）；step 可以不提供值，默认值是 1，step 还可以是负数。

【示例 9-11】

在 Shell 交互模式下编写如下程序：

```
1.   >>> a = [1,2,3,4,5,6,7,8,9]
2.   >>> a[1:2]
3.   [2]
4.   >>> a[1:8]
5.   [2, 3, 4, 5, 6, 7, 8]
6.   >>> a[1:8:2]
7.   [2, 4, 6, 8]
8.   >>> a[1:8:3]
9.   [2, 5, 8]
```

【代码解析】

第 1 行：创建一个非空列表 a，列表 a 中有元素 1、2、3、4、5、6、7、8、9。

第 2、3 行：从索引为 1 开始取元素，总共取出 2-1 即 1 个元素。

第 4、5 行：从索引为 1 开始取元素，总共取出 8-1 即 7 个元素。

第 6、7 行：以 step 为 2 从 a 中取出 4 个元素。

第 8、9 行：以 step 为 3 从 a 中取出 3 个元素。

9.1.7 列表的排序

当列表中的元素只有整数和浮点数时，可以对其进行排序；当列表中的元素全为字符串时，也可以对其进行排序。列表的排序非常简单，使用 sort 函数即可完成。

【示例 9-12】

当列表中的元素只有整数和浮点数时，可以使用 sort 函数进行排序。在 Shell 交互模式下编写如下程序：

```
1.  >>> a = [3.14,4,6,10,5]
2.  >>> a.sort()
3.  >>> a
4.  [3.14, 4, 5, 6, 10]
```

【代码解析】

第 1 行：定义列表 a，列表 a 中包含 3.14、4、6、10、5 共 5 个数字元素。

第 2 行：使用 sort 函数对列表进行从小到大的排序。

第 3、4 行：查看排序后的列表，元素顺序为 3.14、4、5、6、10，元素已经是按照从小到大排序。

【示例 9-13】

字符串的排序规则：以 ASCII 编码排序，先对比第一个字符，如果第一个字符相同，则再对比第二个字符，依此类推。当列表中的元素全部为字符串时，使用 sort 函数进行排序。在 Shell 交互模式下编写如下程序：

```
1.  >>> a = ["abc","bca","acb","de","da"]
2.  >>> a.sort()
3.  >>> a
4.  ['abc', 'acb', 'bca', 'da', 'de']
```

【代码解析】

第 1 行：定义列表 a，列表 a 中包含 "abc" "bca" "acb" "de" "da" 共 5 个字符串元素。

第 2 行：使用 sort 函数对列表进行从小到大的排序。

第 3、4 行：查看排序后的列表，元素顺序为 "abc" "acb" "bca" "da" "de"。

小提示

上面两个示例中的列表都是按从小到大的顺序进行排序的，列表能不能按从大到小的顺序进行排序呢？当然是可以的，可以在 sort 函数中传递一个参数 reverse，当 reverse 为 False 时，列表是按从小到大的顺序进行排序，可以省略；当 reverse 为 True 时，列表是按从大到小的顺序进行排序。

【示例 9-14】

当列表中的元素只有整数和浮点数时，可以使用 sort 函数进行排序。在 Shell 交互模式下编写如下程序：

```
1.  >>> a = [3.14,4,6,10,5]
2.  >>> a.sort(reverse=False)
3.  >>> a
4.  [3.14, 4, 5, 6, 10]
5.  >>> a.sort(reverse=True)
6.  >>> a
7.  [10, 6, 5, 4, 3.14]
```

【代码解析】

第 1 行：定义列表 a，列表 a 中包含 3.14、4、6、10、5 共 5 个数字元素。

第 2 ～ 4 行：使用 sort 函数对列表进行从小到大的排序。

第 5 ～ 7 行：使用 sort 函数对列表进行从大到小的排序。

案例 9-1：回文数

【案例说明】

编写一段 Python 程序，运行程序后输出 100 ～ 1000 的所有回文数。回文数的定义为：给定一个数，这个数顺读和逆读的顺序都是一样的。例如，121 和 1221 是回文数，123 和 1231 不是回文数。

【案例编程】

根据案例说明，可以确定 100 ～ 1000 的整数中回文数的位数必须为奇数。编写如下程序：

```
1.   def fun1(a):
2.       if(a<99):
3.           ge = a%10
4.           shi = a%100//10
5.           if(ge == shi):
6.               return a
7.       elif (a < 999):
8.           ge = a % 10
9.           shi = a % 100 // 10
10.          bai = a % 1000 // 100
11.          if(ge == bai):
12.              return a
13.      elif (a < 9999):
14.          ge = a % 10
```

```
15.          shi = a % 100 // 10
16.          bai = a % 1000 // 100
17.          qian = a // 1000
18.          if(ge == qian and shi == bai):
19.              return a
20.      else:
21.          ge = a % 10
22.          shi = a % 100 // 10
23.          bai = a % 1000 // 100
24.          qian = a % 10000 // 1000
25.          wan = a // 10000
26.          if(ge == wan and shi == qian):
27.              return a
28.      return 0
29. if __name__ == '__main__':
30.      a = []
31.      for i in range(100,1000):
32.          if(fun1(i) != 0):
33.              a.append(fun1(i))
34.      print(a)
```

【代码解析】

第 1 ～ 28 行：定义函数 fun1，用于判断一个数是否为回文数，如果是回文数，则返回该数，否则返回 0。

第 29 ～ 34 行：在循环中遍历调用 fun1 函数，逐一判断 100 ～ 1000 的整数是否是回文数，如果是回文数，则加入列表 a 中，最后输出列表 a。

【程序运行结果】

程序运行结果如图 9-2 所示，成功地输出了 100 ～ 1000 的所有回文数。

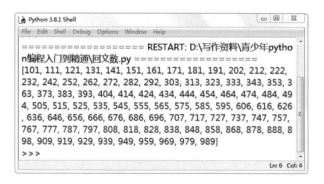

图 9-2　案例 9-1 的程序运行结果

9.2 元组

在 Python 中，元组使用小括号（()）表示，各元素之间使用逗号（,）分隔。与列表不同，元组中的元素是不能改变的，即元组中的元素在创建时就固定了。创建元组后，其中的元素不能改变、不能删除，也不能向元组中添加元素。针对元组的其他操作，如元素的访问、切片、遍历，与列表是一样的。

9.2.1 元组的创建

创建元组的方法与列表类似，由于不能向元组中添加元素，因此创建空元组没有任何意义。在此介绍创建非空元组的方法。

【示例 9-15】

使用小括号创建一个非空元组，在 Shell 交互模式下输入如下语句：

```
1.  >>> a = (1,2,3,4,5,6)
2.  >>> a
3.  (1,2,3,4,5,6)
4.  >>> type(a)
5.  <class 'tuple'>
```

【代码解析】

第 1 行：使用小括号创建一个非空元组 a，元组 a 中包含 1、2、3、4、5、6 共 6 个元素。

第 2、3 行：查看元组 a 中的所有元素。

第 4、5 行：使用 type 函数查看元组 a 的类型为 tuple。

在创建元组时，需要特别注意的是，当元组中只有一个元素时，元素后面必须添加一个逗号，否则创建的不是元组。

【示例 9-16】

创建一个只有一个元素的元组，在 Shell 交互模式下输入如下语句：

```
1.  >>> a = (1)
2.  >>> a
3.  1
4.  >>> a = (1,)
5.  >>> a
6.  (1,)
```

【代码解析】

第 1～3 行：由于元素 1 后面没有添加逗号，因此创建的只是一个值为 1 的整数类型的变量，所以第 3 行输出的是整数 1。

第 4 行：在元素 1 后面添加逗号。

第 5、6 行：查看元组的元素，输出的是一个元组（1,），元组中只有一个元素 1。

9.2.2 元组的遍历

元组的遍历方法与列表的遍历方法一样，也是通过 for 循环语句实现的。

【示例 9-17】

遍历元组之前，先来看如何取出元组中的元素。在 Shell 交互模式下输入如下语句：

```
1.  >>> a = ("a","b","c","d")
2.  >>> a
3.  ('a', 'b', 'c', 'd')
4.  >>> a[0]
5.  'a'
6.  >>> a[3]
7.  'd'
```

【代码解析】

第 1～3 行：定义一个非空元组 a，并查看元组中的元素。

第 4、5 行：通过索引为 0 取出第一个元素。

第 6、7 行：通过索引为 3 取出元组中的最后一个元素。

【示例 9-18】

使用 for 循环语句遍历元组中的所有元素。在 Shell 交互模式下输入如下语句：

```
1.  >>> a = ("a","b","c","d")
2.  >>> for i in a:
3.          print(i)
4.  a
5.  b
6.  c
7.  d
```

【代码解析】

第 1 行：定义一个非空元组 a。

第 2、3 行：使用 for 循环语句遍历元组。

第 4～7 行：程序的输出结果，逐行输出了元组中的所有元素。

9.3 字典

字典是 Python 语言中的一种数据结构。字典是键值对的无序可变序列，字典中的每个元素都是一个键值对，包含键对象和值对象，可以通过键对象实现快速获取、删除、更新对应的值对象。

9.3.1 键值对

键值对的格式如"键：值"，列表中通过索引找到对应的对象，字典中通过键对象找到对应的值对象，"键"是任意的不可变数据，如整数、浮点数、字符串、元组。列表、字典这些可变的对象，不能作为"键"，并且"键"不可重复。"值"可以是任意的数据，且可以重复。

9.3.2 字典的创建

与列表类似，在使用字典之前，一般情况下需要先创建字典，然后对字典进行相关操作。字典的创建方法比较多，可以使用 dict 类创建，也可以使用大括号创建。在此介绍常见的几种方法。

【示例 9-19】

使用 dict 类创建一个空字典，在 Shell 交互模式下输入如下语句：

```
1.    >> a = dict()
2.    >>> a
3.    {}
4.    >>> type(a)
5.    <class 'dict'>
```

【代码解析】

第 1 行：使用 dict 类创建一个空字典 a。

第 2、3 行：查看字典 a 中的内容，因为 a 是一个空字典，所以第 3 行输出了一对大括号，大括号中没有任何数据。

第 4 行：使用 type 函数查看字典 a 的类型。

第 5 行：输出 a 为一个 dict 类，即为字典类。

【示例 9-20】

使用一对大括号创建一个空字典，在 Shell 交互模式下输入如下语句：

```
1.    >>> a ={}
2.    >>> a
3.    {}
4.    >>> type(a)
5.    <class 'dict'>
```

【代码解析】

第 1 行：使用一对大括号完成一个空字典 a 的创建。

第 2～5 行：与使用 dict 类创建的字典一致。

【示例 9-21】

使用一对大括号创建一个非空字典，在 Shell 交互模式下输入如下语句：

```
1.   >>> a = {1:" 香蕉 ",2:" 苹果 ",3:" 榴莲 ",4:" 水蜜桃 "}
2.   >>> a
3.   {1: ' 香蕉 ', 2: ' 苹果 ', 3: ' 榴莲 ', 4: ' 水蜜桃 '}
4.   >>> type(a)
5.   <class 'dict'>
```

【代码解析】

第 1 行：使用一对大括号完成一个非空字典 a 的创建，字典中有 4 个键值对。

第 2 行：查看字典 a 中的内容。

第 3 行：把字典 a 中的键值对全部输出。

第 4 行：使用 type 函数查看字典 a 的类型。

第 5 行：输出 a 为一个 dict 类，即为字典类。

9.3.3 字典的访问

对字典元素的访问，一般是指通过键获取对应的值。

【示例 9-22】

通过给定的键 1 和键 3，获取对应的值，在 Shell 交互模式下输入如下语句：

```
1.   >>> a = {1:" 香蕉 ",2:" 苹果 ",3:" 榴莲 ",4:" 水蜜桃 "}
2.   >>> a[1]
3.   ' 香蕉 '
4.   >>> a[3]
5.   ' 榴莲 '
```

【代码解析】

第 1 行：定义一个非空字典 a。

第 2、3 行：获取键 1 对应的值为"香蕉"。

第 4、5 行：获取键 3 对应的值为"榴莲"。

9.3.4 字典的添加

字典是可变的，因此可以随时添加和删除其中的键值对。该如何向字典中添加键值对呢？

【示例 9-23】

给一个空字典添加两个键值对，在 Shell 交互模式下输入如下语句：

```
1.   >>> a = {}
2.   >>> a
3.   {}
4.   >>> a[1] = " 苹果 "
5.   >>> a
```

```
6.    {1: ' 苹果 '}
7.    >>> a[2] = " 香蕉 "
8.    >>> a
9.    {1: ' 苹果 ', 2: ' 香蕉 '}
```

【代码解析】

第 1 行：定义一个空字典 a。

第 2、3 行：查看字典的内容，字典中没有元素。

第 4 行：向字典中添加一个 "1: ' 苹果 '" 键值对。

第 5、6 行：查看字典的内容，可见 "1: ' 苹果 '" 键值对已经成功地添加到字典中。

第 7 行：通过同样的方法把 "2: ' 香蕉 '" 键值对添加到字典中。

第 8、9 行：可以看到字典中已经有了 2 个键值对。

9.3.5 字典的删除

删除字典中的键值对有两种方法，下面通过示例逐一说明。

【示例 9-24】

使用 pop 函数删除给定键所对应的键值对，返回值为被删除的值。在 Shell 交互模式下输入如下语句：

```
1.    >>> a = {" 猫 ":" 喵喵 "," 狗 ":" 汪汪 "," 鸡 ":" 咯咯 "}
2.    >>> a
3.    {' 猫 ': ' 喵喵 ', ' 狗 ': ' 汪汪 ', ' 鸡 ': ' 咯咯 '}
4.    >>> a.pop(" 狗 ")
5.    ' 汪汪 '
6.    >>> a
7.    {' 猫 ': ' 喵喵 ', ' 鸡 ': ' 咯咯 '}
```

【代码解析】

第 1 行：定义一个有 3 个键值对的字典 a，存放的是 3 种动物及它们对应的叫声。

第 2、3 行：查看字典 a 的内容。

第 4 行：使用 pop 函数删除键为 "狗" 的键值对。

第 5 行：返回键为 "狗" 所对应的值。

第 6、7 行：查看字典 a 的内容，看到键值对 "' 狗 ': ' 汪汪 '" 已经被成功删除。

【示例 9-25】

使用 del 关键字删除给定键所对应的键值对。在 Shell 交互模式下输入如下语句：

```
1.    >>> a = {" 姓名 ":" 熊二 "," 微信 ":"xionger","qq":"123456789"}
2.    >>> a
3.    {' 姓名 ': ' 熊二 ', ' 微信 ': 'xionger', 'qq': '123456789'}
```

```
4.    >>> del a[" 微信 "]
5.    >>> a
6.    {' 姓名 ': ' 熊二 ', 'qq': '123456789'}
```

【代码解析】

第 1 行: 定义一个非空字典，其中有 3 个键值对。

第 2、3 行: 查看字典 a 的内容。

第 4 行: 删除键为 "微信" 的键值对。

第 5、6 行: 查看字典 a 的内容，可以看到键值对 "' 微信 ': 'xionger'" 已经被成功删除。

9.3.6 字典的遍历

列表和元组都是有序的，可以通过索引访问其中的元素，它们的遍历方法也是一样的。但是字典是无序的，而且字典是以键值对的方式存储数据，因此字典的遍历方法与它们二者有区别。对字典的遍历，可以分为键的遍历和值的遍历。

【示例 9–26】

对一个非空字典，如何遍历所有的键呢? 在 Shell 交互模式下输入如下语句:

```
1.    >>>a = {" 语文 ":98," 数学 ":99," 体育 ":98}
2.    >>>for i in a:
3.            print(i)
4.    语文
5.    数学
6.    体育
```

【代码解析】

由该示例可见，对键的遍历与对列表和元组的遍历一样，都是通过 for 循环语句实现的。

第 1 行: 定义一个非空字典 a，其中含有 3 个键值对。

第 2、3 行: 使用 for 循环语句遍历字典中所有的键。

第 4 ~ 6 行: 程序的输出结果，成功地输出了字典中所有的键。

【示例 9–27】

在 Python 中对字典中键的遍历还有另外一种方法。在 Shell 交互模式下输入如下语句:

```
1.    >>>a = {" 语文 ":98," 数学 ":99," 体育 ":98}
2.    >>>for i in a.keys():
3.            print(i)
4.    语文
5.    数学
6.    体育
```

【代码解析】

第 1 行：定义一个字典 a。

第 2、3 行：通过 for 循环语句遍历字典的键，使用 a.keys() 即可获取字典 a 中所有的键。

第 4～6 行：将字典中的所有键逐一输出。

【示例 9-28】

在 Python 中，对字典中键值对的值的遍历与上面的方法类似。在 Shell 交互模式下输入如下语句：

```
1.   >>>a = {" 语文 ":98," 数学 ":99," 体育 ":98}
2.   >>>for i in a.values():
3.          print(i)
4.   98
5.   99
6.   98
```

【代码解析】

第 1 行：定义一个字典 a。

第 2、3 行：通过 for 循环语句遍历字典的值，使用 a.values() 即可获取字典 a 中所有键对应的值。

第 4～6 行：将字典中的所有值逐一输出。

总结与练习

【本章小结】

本章学习了 3 种新的数据类型——列表、元组和字典，包括对它们的增、删、改、查操作，其中元组在创建之后就不能修改了。列表、元组和列表都可以用来存放多个数据，其中最常用的是列表。在编程时，可以根据需要选择合适的数据类型。

【巩固练习】

有一个列表 [10,30,20,8,4,100]，列表中有 6 个整数，不使用 sort 等系统提供的函数，对列表进行从小到大的排序，然后输出列表。

● 目标要求

该练习主要考查对列表操作的熟练程度，包括列表中的元素的取出、修改、插入等。

● 编程提示

遍历列表，并比较相邻两个元素的大小关系。如果前面的元素大于后面的元素，则交换它们的位置，否则其位置不变。直到遍历完列表中的所有元素。

第 10 章

琢磨不透的随机数：
random 模块

📖 本章导读

　　每次路过彩票销售点，总是会看到一个非常有趣的现象，买彩票的人们都在精心地计算着自己要买的彩票号码，反复斟酌，细致研究，好像中奖号码是可以推算出来的。中奖号码是可以算出来的吗？答案是否定的，因为中奖号码是随机的，没有规律，不能预先推算。试想一下，如果中奖号码可以推算，岂不是人人都去研究彩票了。

扫一扫，看视频

10.1 random 模块简介

中奖号码之所以不可预测，因为它是随机生成的，也称为随机数。random 模块就是 Python 提供的一个随机数生成器，可以使用 random 模块生成任意范围内的随机数。在前面的章节中，学了用于绘图的 turtle 模块。既然都是模块，random 模块与 turtle 模块的使用方法是一样的，在使用模块中的函数之前，必须先用 import 关键字导入模块。

10.1.1 randint 函数

想要生成一个随机整数，可以使用 random 模块中的 randint 函数。randint 函数的语法见表 10-1。

表 10-1　randint 函数的语法

项　目	语法说明
函　数	randint(start,end)
参　数	start: 随机数的最小值； end: 随机数的最大值； 通过 start 和 end 确定随机数的范围
返回值	返回 start ～ end 的一个随机整数

【示例 10-1】

使用 randint 函数生成一个随机数，在 Shell 交互模式下输入如下语句：

```
1.   >>> import random
2.   >>> random.randint(1,100)
3.   97
4.   >>> random.randint(1,100)
5.   82
6.   >>> random.randint(1,100)
7.   78
8.   >>> random.randint(1,100)
9.   4
```

【代码解析】

第 1 行: 使用 import 关键字导入 random 模块。

第 2、3 行: 调用 randint 函数，生成一个 1 ～ 100 的随机数，这个随机数为 97。

第 4、5 行: 调用 randint 函数，生成一个 1 ～ 100 的随机数，这个随机数为 82。

第 6、7 行: 调用 randint 函数，生成一个 1 ～ 100 的随机数，这个随机数为 78。

第 8、9 行: 调用 randint 函数，生成一个 1 ～ 100 的随机数，这个随机数为 4。

程序中调用了 4 次 randint 函数，生成的随机数都不一样。

案例 10-1：猜数字赢积分

【案例说明】

通过 random 模块编写一个猜数字赢积分的游戏，看看谁获得的积分最多。

【案例编程】

根据案例说明，使用 random 模块中的 randint 函数生成一个 1～3 的随机数，并使用一个变量记录积分。如果猜对则获得 100 积分；否则扣除 50 积分。玩家根据提示信息输入值，直到猜对数字。程序如下所示：

```
1.   import random
2.   print(" 这是一个猜数字赢积分的游戏 ")
3.   print(" 猜对得 100 分，猜错扣 50 分 ")
4.   a = random.randint(1,3)
5.   score = 0
6.   while True:
7.       b = input(" 请输入 1 到 3 之间的整数: ")
8.       b = int(b)
9.       if(a == b):
10.          score = score + 100
11.          print(" 恭喜你猜对了，你的得分是 {}".format(score))
12.          break
13.      elif(b < a):
14.          score = score - 50
15.          print(" 输入的数偏小！ ")
16.      else:
17.          score = score - 50
18.          print(" 输入的数偏大！ ")
```

【代码解析】

第 1 行：使用 import 关键字导入 random 模块。

第 2、3 行：输出提示信息。

第 4 行：调用 randint 函数生成一个 1～3 的随机数并赋值给变量 a。

第 5 行：定义变量 score，用于记录用户的积分。

第 6～18 行：进入无限循环。

第 7 行：获取用户输入的数并赋值给变量 b。

第 8 行：把变量 b 的值转换为整数。

第 9～12 行：如果用户输入的数 b 与软件生成的随机数 a 相等，则积分加 100 并输出积分，调用 break 语句退出循环。

第 13 ~ 15 行：如果用户输入的数 b 比软件生成的随机数 a 大，则输出相应的提示信息。

第 16 ~ 18 行：如果用户输入的数 b 比软件生成的随机数 a 小，则输出相应的提示信息。

【程序运行结果】

程序运行结果如图 10-1 所示，由于前两次都猜错了，所以需要扣除 100 分，第三次猜对了，获得 100 分，最终的得分是 0。

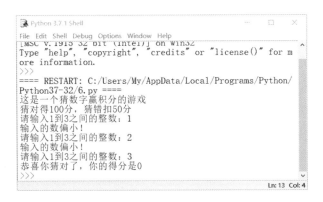

图 10-1　案例 10-1 的程序运行结果

10.1.2　uniform 函数

前面讲解了如何通过 random 模块的 randint 函数生成一个随机整数，那么如何生成一个随机小数呢？要生成一个随机小数，可以使用 random 模块的 uniform 函数。uniform 函数的语法见表 10-2。

表 10-2　uniform 函数的语法

项　目	语法说明
函　数	uniform(start,end)
参　数	start: 随机数的最小值； end: 随机数的最大值； 通过 start 和 end 确定随机数的范围
返回值	返回 start ~ end 的一个随机小数

【示例 10-2】

使用 uniform 函数生成一个随机小数，在 Shell 交互模式下输入如下语句：

```
1.  >>> import random
2.  >>> random.uniform(1,2)
3.  1.5612246084700527
4.  >>> random.uniform(1,2)
```

```
5.    1.9607285221510562
6.    >>> round(random.uniform(1,2),2)
7.    1.42
8.    >>> round(random.uniform(1,2),2)
9.    1.57
```

【代码解析】

第 1 行：使用 import 关键字导入 random 模块。

第 2、3 行：调用 uniform 函数生成一个 1～2 的随机小数，这个随机小数是 1.5612246084700527。

第 4、5 行：调用 uniform 函数生成一个 1～2 的随机小数，这个随机小数是 1.9607285221510562。生成的随机小数的小数点后面的位数太长，可以使用 round 函数保留指定的小数位。

第 6、7 行：调用 uniform 函数生成一个 1～2 的随机小数并保留 2 位小数，这个随机小数是 1.42。

第 8、9 行：调用 uniform 函数生成一个 1～2 的随机小数并保留 2 位小数，这个随机小数是 1.57。

10.2 随机序列

前面学习了如何使用 random 模块生成单个的随机数，接下来学习如何使用 random 模块生成多个随机数，组成随机序列。

10.2.1 randrange 函数

random 模块除了可以生成随机整数和随机小数之外，还可以生成具有一定规律的随机数，如随机数为一个奇数、随机数为一个偶数或者随机数为一个数的倍数。使用 randrange 函数可以生成具有一定规律的随机数。randrange 函数的语法见表 10-3。

表 10-3　randrange 函数的语法

项　目	语法说明
函　数	randrange(start,end,step)
参　数	start: 随机数的最小值 end: 随机数的最大值 通过 start 和 end 确定随机数的范围 step：步长
返回值	返回 start～end 的一个随机数

【示例 10-3】

使用 randrange 函数生成随机奇数，在 Shell 交互模式下输入如下语句：

```
1.    >>> import random
2.    >>> random.randrange(1,100,2)
3.    23
```

```
4.    >>> random.randrange(1,100,2)
5.    55
6.    >>> random.randrange(1,100,2)
7.    11
```

【代码解析】

第 1 行：使用 import 关键字导入 random 模块。

第 2、3 行：调用 randrange 函数生成一个 1 ～ 100 的随机奇数，这个随机奇数为 23。

第 4、5 行：调用 randrange 函数生成一个 1 ～ 100 的随机奇数，这个随机奇数为 55。

第 6、7 行：调用 randrange 函数生成一个 1 ～ 100 的随机奇数，这个随机奇数为 11。

【示例 10-4】

使用 randrange 函数生成随机偶数，在 Shell 交互模式下输入如下语句：

```
1.    >>> import random
2.    >>> random.randrange(0,100,2)
3.    44
4.    >>> random.randrange(0,100,2)
5.    36
6.    >>> random.randrange(0,100,2)
7.    70
```

【代码解析】

第 1 行：使用 import 关键字导入 random 模块。

第 2、3 行：调用 randrange 函数生成一个 0 ～ 100 的随机偶数，这个随机偶数为 44。

第 4、5 行：调用 randrange 函数生成一个 0 ～ 100 的随机偶数，这个随机偶数为 36。

第 6、7 行：调用 randrange 函数生成一个 0 ～ 100 的随机偶数，这个随机偶数为 70。

10.2.2　choice 函数

很多情况下，需要从已知的数据集合中随机选择一个数据，如上课时老师随机抽同学回答问题，这个学生就是从这个班的所有学生中随机选择的。再比如需要从列表 [1，2，5，9，10] 中随机选择一个元素，可以使用 choice 函数实现。choice 函数的语法见表 10-4。

表 10-4　choice 函数的语法

项　　目	语法说明
函　　数	choice(s)
参　　数	s：列表或者元组
返回值	随机返回 s 中的一个元素

【示例 10-5】

使用 choice 函数从元组 ("c++","java","python","php") 中随机选择一个元素，在 Shell 交互模式下输入如下语句：

```
1.  >>> import random
2.  >>> random.choice(("c++","java","python","php"))
3.  'java'
4.  >>> random.choice(("c++","java","python","php"))
5.  'php'
6.  >>> random.choice(("c++","java","python","php"))
7.  'php'
```

【代码解析】

第 1 行：使用 import 关键字导入 random 模块。

第 2、3 行：调用 choice 函数，从元组中随机选择一个元素 java。

第 4、5 行：调用 choice 函数，从元组中随机选择一个元素 php。

第 6、7 行：调用 choice 函数，从元组中随机选择一个元素 php。

choice 函数的参数可以是元组，也可以是列表，参数是列表时，choice 函数的使用方法与参数是元组时一样，就不再举例说明了。

案例 10-2：创意绘图

【案例说明】

第 8 章学习了 turtle 模块，通过该模块可以绘制各种大小和颜色的几何图形。当同时使用 turtle 和 random 模块绘图时，又能绘制哪些奇特的图形呢？下面完成创意绘图的程序。

【案例编程】

在窗口中绘制 100 个随机图形，图形从三角形到八边形中随机选择，颜色从红、绿、蓝中随机选择，图形的位置也是随机的。程序如下所示：

```
1.   import turtle
2.   import random
3.   turtle.hideturtle()
4.   def fun(c,s,x,y):
5.       turtle.penup()
6.       turtle.setpos(x,y)
7.       turtle.pendown()
8.       turtle.begin_fill()
9.       turtle.fillcolor(c)
10.      turtle.circle(10,steps = s)
```

```
11.        turtle.end_fill()
12.  for i in range(100):
13.        c = random.choice(("red","blue","green"))
14.        s = random.randint(3,8)
15.        x = random.randint(-100,100)
16.        y = random.randint(-100,100)
17.        fun(c,s,x,y)
```

【代码解析】

第 1、2 行：使用 import 关键字导入 turtle 和 random 模块。

第 3 行：隐藏海龟。

第 4 ～ 11 行：定义 fun 函数，用于绘制图形。

第 12 ～ 17 行：在 for 循环中，调用 fun 函数绘制 100 个随机图形。

【程序运行结果】

运行程序，一张非常有创意的图片已经绘制出来了，如图 10-2 所示。

再次运行程序，程序运行结果如图 10-3 所示，绘制了另一张非常有创意的图片。

使用该案例的程序绘制的每张图片都是独一无二的。

图 10-2　案例 10-2 的程序运行结果（1）　　　图 10-3　案例 10-2 的程序运行结果（2）

10.2.3　shuffle 函数

在编程过程中，有时需要打乱一个列表或者元组中元素的顺序，这时可以使用 shuffle 函数实现。shuffle 函数需要传递一个列表型的参数，注意不能传递元组作为参数，因为元组在定义后就不能改变了。shuffle 函数的语法见表 10-5。

表 10-5　shuffle 函数的语法

项　目	语法说明
函　数	shuffle(s)
参　数	s：列表
返回值	无

【示例 10-6】

使用 shuffle 函数打乱列表 [1,2,3,4,5,6] 中元素的顺序，在 Shell 交互模式下输入如下语句：

```
1.  >>> import random
2.  >>> a=[1, 2, 3, 4, 5, 6]
3.  >>> random.shuffle(a)
4.  >>> a
5.  [1, 2, 5, 4, 6, 3]
6.  >>> random.shuffle(a)
7.  >>> a
8.  [6, 2, 1, 3, 4, 5]
9.  >>> random.shuffle(a)
10. >>> a
11. [2, 4, 6, 3, 1, 5]
```

【代码解析】

第 1 行：使用 import 关键字导入 random 模块。

第 2 行：定义列表 a，列表 a 中的数据为 [1,2,3,4,5,6]，并且元素按从小到大的顺序排列。

第 3 ～ 5 行：调用 shuffle 函数打乱列表 a 的顺序，列表 a 中的数据变为 [1, 2, 5, 4, 6, 3]。

第 6 ～ 8 行：调用 shuffle 函数打乱列表 a 的顺序，列表 a 中的数据变为 [6, 2, 1, 3, 4, 5]。

第 9 ～ 11 行：调用 shuffle 函数打乱列表 a 的顺序，列表 a 中的数据变为 [2, 4, 6, 3, 1, 5]。

10.2.4　sample 函数

sample 函数可以从列表或元组中随机抽出指定个数的元素，组成新列表，该函数需要传递两个参数。sample 函数的语法见表 10-6。

表 10-6　sample 函数的语法

项　目	语法说明
函　数	sample(s,n)
参　数	s：列表或元组； n: 新列表中元素的个数
返回值	新列表

【示例 10-7】

使用 sample 函数从列表 [1,2,3,4,5,6] 中随机取出 3 个元素，在 Shell 交互模式下输入如下语句：

```
1.   >>> import random
2.   >>> s = [1,2,3,4,5,6]
3.   >>> random.sample(s,3)
4.   [4, 5, 3]
5.   >>> s1 = (1,2,3,4,5,6)
6.   >>> random.sample(s1,3)
7.   [2, 6, 4]
```

【代码解析】

第 1 行：使用 import 关键字导入 random 模块。

第 2 行：定义列表 s，s 中的数据为 [1,2,3,4,5,6]。

第 3、4 行：调用 sample 函数，从列表 s 中随机取出 3 个元素，组成新列表，返回值为 [4,5,3]。

第 5 行：定义元组 s1，s1 中的数据为（1,2,3,4,5,6）。

第 6、7 行：调用 sample 函数，从元组 s1 中随机取出 3 个元素，组成新列表，返回值为 [2,6,4]。

从上面可以看出，不管传递的参数是一个列表还是一个元组，返回值都是一个列表。

案例 10-3：超级大乐透

【案例说明】

随着买彩票的人越来越多，很多人喜欢使用机选，就是通过彩票机随机生成一注彩票后购买。下面使用 random 模块随机生成一注大乐透彩票。

【案例编程】

大乐透的投注规则是：从前区号码中任选 5 个号码，从后区号码中任选 2 个号码，组合投注。其中，前区号码由 1 ～ 35 共 35 个号码组成；后区号码由 1 ～ 12 共 12 个号码组成。程序如下所示：

```
1.   import random
2.   List = []
3.   r = [i for i in range(1,35)]
4.   b = [i for i in range(1,12)]
5.   red = random.sample(r,5)
6.   blue = random.sample(b,2)
7.   List.append(red)
8.   List.append(blue)
9.   print(" 大乐透彩票号码为：{}".format(List))
```

【代码解析】

第 1 行：使用 import 关键字导入 random 模块。

第 2 行：创建一个空列表 List，用于存放彩票所有的号码。

第 3 行：定义列表 r，放置 35 个前区号码。

第 4 行：定义列表 b，放置 12 个后区号码。

第 5 行：从列表 r 中随机选择 5 个数，组成新列表，赋值给变量 red。

第 6 行：从列表 b 中随机选择 2 个数，组成新列表，赋值给变量 blue。

第 7 行：把变量 red 添加到列表 List 中。

第 8 行：把变量 blue 添加到列表 List 中。

第 9 行：输出列表 List。

【程序运行结果】

程序运行结果如图 10-4 所示，总共运行了 3 次程序，对应输出了 3 注大乐透彩票。

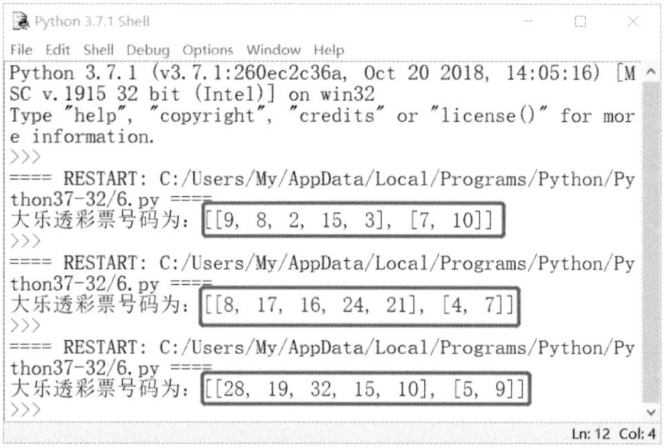

图 10-4　案例 10-3 的程序运行结果

总结与练习

【本章小结】

本章学习了 random 模块及其中的函数。random 模块的功能是产生随机数。通过 random 模块可以非常方便地生成如彩票、验证码等随机数。

【巩固练习】

使用 random 模块和 turtle 模块，绘制一个大小随机、颜色随机、边数随机的多边形。图形的大小为 50 ~ 200 像素，颜色从红、绿、蓝中随机选取，多边形的边数为 3 ~ 12。

● **目标要求**

该练习主要考查对 random 模块和 turtle 模块的掌握程度，特别是 random 模块中 randint 函数和 choice 函数的使用。

● **编程提示**

（1）导入需要用到的模块。

（2）生成随机边数、随机边长和随机颜色的数据。

（3）根据得到的随机数生成相应的多边形。

第 11 章

程序的运行保障：
异常处理与文件／目录的操作

本章导读

　　异常处理是在编程时为了程序的稳定性而添加的一段检测程序，异常处理可以有效地减少程序崩溃的概率。文件的操作主要包括文件的读写、创建和删除，通过把数据写入文件并存储到硬盘上，可以实现数据的长久保存。

扫一扫，看视频

11.1 异常

软件是人们智力工作的成果，任何软件都有开发人员或多或少没有考虑到的地方。当程序执行到这些地方时，就可能出现异常。Python 中提供了许多内建的异常，也支持开发者自定义异常。

11.1.1 什么是异常

异常是一个事件，该事件会在程序执行过程中发生，会影响程序的正常执行。一般情况下，Python 在无法正常处理程序时就会发生一个异常。异常是一个 Python 对象，表示一个错误。当 Python 脚本发生异常时，需要捕获并处理它，否则程序会终止执行。

11.1.2 常见的异常类

Python 中内建了很多异常，常见的异常类和相关描述见表 11-1。

表 11-1 常见的异常类和相关描述

序 号	异常类	描 述
1	BaseException	所有异常的基类，包括解释器退出、用户中断等
2	Exception	所有常规异常的基类
3	ZeroDivisionError	除以 0 异常
4	NameError	未初始化对象
5	IndexError	超出索引序列
6	SyntaxError	语法错误
7	KeyError	字典中不包含该键
8	FileNotFoundError	文件未找到错误
9	TypeError	对某种数据类型进行无效操作，如对数字进行迭代
10	ValueError	传入的参数无效，如将单词转换为数字
11	StopIteration	迭代器终止迭代
12	GeneratorExit	生成器触发异常退出
13	OverflowError	数据运算超出限制
14	IOError	输入 / 输出错误
15	ImportError	模块导入错误
16	Warning	警告

在除法运算中，除数不能为 0。如果在 Python 程序中遇到除数为 0 的情况，系统就会发生一个异常。

【示例 11-1】

在 Shell 交互模式下输入如下语句：

```
1.    >>> a = 10
2.    >>> b = 0
3.    >>> a / b
4.    Traceback (most recent call last):
5.      File "<pyshell#28>", line 1, in <module>
6.        a / b
7.    ZeroDivisionError: division by zero
```

【代码解析】

第 1、2 行：定义两个变量 a 和 b，并分别赋值为 10 和 0。

第 3 行：除法运算，除数为 0。

第 4 ~ 7 行：按下 Enter 键后，程序输出红色的提示信息。

第 6 行：提示产生错误的语句。

第 7 行：提示错误类型为 ZeroDivisionError，即除数为 0。

11.2 异常处理

在执行程序的过程中，Python 解释器检测到一个错误时会触发异常，在异常被触发且没被处理的情况下，程序就在当前异常处终止，后面的代码不会运行。没人会使用一个运行过程中突然崩溃的软件，所以必须提供一种异常处理机制来增强程序的健壮性与容错性。程序具有良好的容错能力，能够有效地提高用户体验，维持业务的稳定性。

当发生异常时，就需要对异常进行捕获，然后进行相应的处理。Python 中的异常捕获通常使用 try...except... 结构，把可能发生错误的语句放在 try 中，用 except 来处理异常，每个 try 都必须至少对应一个 except。与 Python 异常相关的关键字见表 11-2。

表 11-2　与 Python 异常相关的关键字

关键字	关键字说明
try/except	捕获异常并处理
pass	忽略异常
as	定义异常实例（except MyError as e）
else	如果 try 中的语句没有引发异常，则执行 else 中的语句
finally	无论是否出现异常都执行的代码
raise	抛出 / 引发异常

11.2.1　捕获所有异常

捕获所有异常包括键盘中断和程序退出请求（用 sys.exit() 无法退出程序，因为异常被捕获了），因此要慎用捕获所有异常的方法。捕获所有异常的语法如下，把可能出现异常的语句写到 try 中，当产生异常时就执行 except 中的语句。

```
1.   try:
2.       可能有异常的语句
3.   except:
4.       异常处理语句
```

【示例 11-2】

这里针对捕获所有异常进行举例，在文本模式下编写如下程序。该程序有可能产生两种异常：一是当输入的数据不是纯数字时，调用 int 函数会产生异常；二是当变量 b 为 0，执行 a/b 语句时，产生异常。

```
1.   try:
2.       a = input(" 请输入整数 a : ")
3.       b = input(" 请输入整数 b : ")
4.       a = int(a)
5.       b = int(b)
6.       print("a 除以 b 的结果是: ",a/b)
7.   except Exception as e:
8.       print(" 有异常发生! ",e.__class__)
```

【代码解析】

第 1 行: 使用 try 语句。

第 2～6 行: 在 try 语句中，如果有异常，就会被捕获。

第 7 行: 使用 except 语句。

第 8 行: 当异常发生时，输出异常类的名称。

【程序运行结果】

第一次运行程序，输入两个不为 0 的整数时，程序正常运行，输出两个数相除的结果 10.0，如图 11-1 所示。

第二次运行程序，输入的整数 b 为 0，出现除数为 0 的情况。如图 11-2 所示，产生了异常，异常类为 ZeroDivisionError。

图 11-1　示例 11-2 的程序运行结果（1）

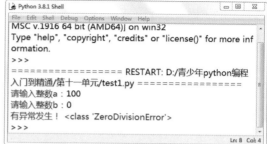

图 11-2　示例 11-2 的程序运行结果（2）

第三次运行程序，输入整数 a 为 ab100，让 int 函数在转换时产生异常。如图 11-3 所示，产生了异常，异常类为 ValueError。

图 11-3　示例 11-2 的程序运行结果（3）

通过程序的 3 次运行结果可知，通过 try...except... 结构可以捕获程序中所有的异常。

11.2.2　捕获指定的异常

每种异常发生时可能需要进行不同的处理，有些异常不需要特别处理；某些特定的异常需要进行特别处理，这时就需要捕获指定的异常。当指定的异常发生时，做出相应的处理。

捕获指定的异常的语法如下：

```
1.   try:
2.       可能有异常的语句
3.   except 指定的异常的名称：
4.       异常处理语句
```

【示例 11-3】

这里针对捕获指定的异常进行举例，还是使用示例 11-2 的程序，该程序有可能产生两种异常：一是当输入的数据不是纯数字时，调用 int 函数会产生异常；二是当变量 b 为 0，执行 a/b 语句时，产生异常。这里只捕获 int 函数的参数产生的异常。

```
1.   try:
2.       a = input(" 请输入整数 a ：")
3.       b = input(" 请输入整数 b ：")
4.       a = int(a)
5.       b = int(b)
6.       print("a 除以 b 的结果是：",a/b)
7.   except ValueError:
8.       print("a、b 必须为整数！ ")
```

【代码解析】

第 1 行：使用 try 语句。

第 2～6 行：在 try 语句中，如果有异常发生，就会被捕获。

第 7 行：使用 except 语句，指定捕获名称为 ValueError 的异常。

第 8 行：当有 ValueError 异常发生时，输出提示信息。

【程序运行结果】

程序运行结果如图 11-4 所示，当输入的数据 a 为 a100,b 为 100 时,发生异常并输出提示信息。

图 11-4　示例 11-3 的程序运行结果

11.2.3　捕获多个异常

在一段程序中可能会产生多个异常，对每个异常，需要进行不同的处理，这时就需要分别捕获这些异常。捕获多个异常的语法如下：

```
1.   try:
2.       < 语句 >
3.   except < 异常名 1>:
4.       print(' 异常说明 1')
5.   except < 异常名 2>:
6.       print(' 异常说明 2')
7.   except < 异常名 3>:
8.       print(' 异常说明 3')
```

【示例 11-4】

针对捕获多个异常进行举例，还是使用上面的例子。

```
1.   try:
2.       a = input("请输入整数 a：")
3.       b = input("请输入整数 b：")
4.       a = int(a)
5.       b = int(b)
6.       print("a 除以 b 的结果是：",a/b)
7.       list1 = [1,2,3,4,5,6]
8.       c = input("列表中共 6 个元素，要取出第几个：")
9.       c = int(c)
10.      print(list1[c])
11.  except ValueError:
12.      print("a、b、c 必须为整数！：")
13.  except ZeroDivisionError:
14.      print("除数不能为 0！")
15.  except IndexError:
16.      print("列表下标越界！")
```

【代码解析】

总共可能产生 3 种异常，使用 except 语句分别进行捕获处理。

第 1 行：使用 try 语句。

第 2～10 行：把可能产生异常的语句放在 try 语句中，如果有异常发生，就会被捕获。

第 11、12 行：使用 except 语句，捕获名称为 ValueError 的异常，并输出提示信息。

第 13、14 行：使用 except 语句，捕获名称为 ZeroDivisionError 的异常，并输出提示信息。

第 15、16 行：使用 except 语句，捕获名称为 IndexError 的异常，并输出提示信息。

【程序运行结果】

编写完成上面的示例程序,第一次的程序运行结果如图 11-5 所示,当输入 a 为 100,b 为 10 时,程序正常输出 a 除以 b 的结果 10.0；继续输入整数 3,输出为 4。程序正常运行,没有发生任何异常。

图 11-5　示例 11-4 的程序运行结果

第二次程序运行结果如图 11-6 所示，当分别输入 a 为 a100，b 为 10 时，还没等到输入第三个数就发生 ValueError 异常，并输出提示信息。

第三次程序运行结果如图 11-7 所示，当分别输入 a 为 100，b 为 0 时，同样还没等到输入第三个数就发生 ZeroDivisionError 异常，并输出提示信息。

图 11-6　示例 11-4 的程序运行结果（2）　　　　图 11-7　示例 11-4 的程序运行结果（3）

第四次程序运行结果如图 11-8 所示，当分别输入 a 为 100，b 为 10，输入第三个数 6 时，发生 IndexError 异常，并输出提示信息。

图 11-8　示例 11-4 的程序运行结果（4）

11.2.4　自定义异常

除了表 11-1 中的异常类，也可以通过自定义创建一个新的异常类，异常类应该是通过直接或间接的方式继承自 Exception 类。

【示例 11-5】

下面创建了一个 MyError 类，基类为 Exception，用于在异常触发时输出更多的信息。在 try 语句中，使用 raise 关键字抛出用户自定义的异常后执行 except 语句部分，变量 e 用于创建 MyError 类的实例。

```
1.   class MyError(Exception):
2.       def __init__(self, msg):
3.           self.msg = msg
```

```
4.        def __filename__(self):
5.            return self.msg
6.    try:
7.        s = input("请输入你的性别:")
8.        if(s == "男"):
9.            print("帅哥!")
10.       elif(s == "女"):
11.           print("美女!")
12.       else:
13.           raise MyError('输入性别错误')
14.   except MyError as e:
15.       print('发生异常:', e.msg)
```

【代码解析】

第 1 ～ 5 行: 定义一个 MyError 类，该类继承自 Exception 父类。

第 6 ～ 13 行: 把可能产生异常的语句放在 try 语句中，如果有异常发生，就会被捕获。

第 14 行: 使用 except 语句捕获异常，并输出提示信息。

【程序运行结果】

第一次运行程序时,输入"男"或"女",程序正常运行; 第二次运行程序时,输入的不是"男"或"女",程序产生异常并输出提示信息，如图 11-9 所示。

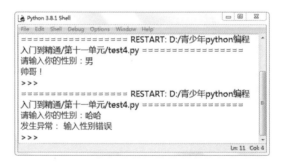

图 11-9　示例 11-5 的程序运行结果

11.3　文件的基本操作

在计算机中有各种各样的文件，如文档、图片、音乐、视频等，一般会通过文件的扩展名区分文件类型。文件的基本操作就是对计算机中的文件进行创建、读取、写入。下面只介绍针对 txt 文件的读 / 写操作。

11.3.1　文件的打开模式

文件的打开模式有多种，文件以不同的模式打开，状态是不一样的。文件常用的几种打开模式见表 11–3。

表 11-3　文件的打开模式

模　式	说　明
r	以只读方式打开文件，文件指针将会放在文件的开头；如果文件不存在，则会产生异常
w	打开一个文件只用于写入。如果该文件已存在，则将其覆盖；如果该文件不存在，则创建新文件
a	打开一个文件用于追加。如果该文件已存在，新的内容将会被写入在已有内容之后；如果该文件不存在，则创建新文件进行写入
r+	打开一个文件用于读写。文件指针将会放在文件的开头；如果该文件不存在，则会产生异常
w+	打开一个文件用于读写。如果该文件已存在，则将其覆盖；如果该文件不存在，则创建新文件
a+	打开一个文件用于读写。如果该文件已存在，文件打开时会是追加模式；如果该文件不存在，则创建新文件用于读写

小提示

文件指针是指打开一个文件要进行操作时，当前所处的操作位置（相当于平常看到的光标或鼠标指针）。文件指针默认处于文件首位，如果进行了读写操作，则文件指针会停留在终止读写的那个位置上。

11.3.2　打开文件和关闭文件

11.3.1 节讲解了文件常见的 6 种打开模式，打开文件可以使用 open 函数。open 函数的语法见表 11–4。

表 11-4　open 函数的语法

项　目	语法说明
函　数	open(name[, mode[, buffering]])
参　数	name：一个包含了要访问的文件名称的字符串值； mode：打开文件的模式，如只读、写入、追加等，这个参数是非强制的，默认的文件访问模式为只读（r）； buffering：如果 buffering 的值被设为 0，就不会有寄存；如果 buffering 的值取 1，访问文件时会寄存行；如果将 buffering 的值设为大于 1 的整数，表明这是寄存区的缓冲大小；如果取负值，寄存区的缓冲大小则为系统的默认值
返回值	返回文件对象

完成文件操作后，一定要关闭文件，否则文件可能会被损坏。关闭文件可以使用 close 函数。close 函数的语法见表 11–5。

表 11-5　close 函数的语法

项　目	语法说明
函　数	fileObject.close()
参　数	无
返回值	无

【示例 11-6】

以 w 模式打开一个文件，如果文件不存在，则会新建文件。程序如下所示：

```
1.   f = open('test.txt', 'w')
2.   f.close()
```

【代码解析】

第 1 行：使用 open 函数以 w 模式打开文件名为 test.txt 的文件。

第 2 行：使用 close 函数关闭该文件。

【程序运行结果】

第 1 行中没有指定文件路径，则为当前路径，即该文件所在路径。编辑并保存程序之前，如图 11-10 所示，只有 test.py 一个文件。

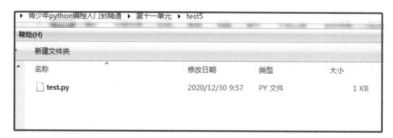

图 11-10　运行程序前

运行程序后，再次查看该路径下的内容，如图 11-11 所示，已经成功创建 test.txt 文件。

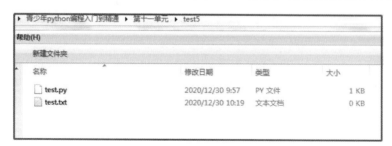

图 11-11　运行程序后

11.3.3　文件的读取和写入

在 11.3.2 节中，仅仅是创建和关闭文件，并没有对文件做任何操作。文件操作主要包括把数据写入文件中和从文件中读取数据。写入数据使用 write 函数，读取数据使用 read 函数。读 / 写函数的语法见表 11-6。

表 11-6　读 / 写函数的语法

函　　数	参　　数	返回值
fileObject.write([filename])	filename：要写入的字符串	要写入的字符串的长度
fileObject.read([size])	size：从文件中读取的字节数，默认为 -1，表示读取整个文件	返回从字符串中读取的字节

【示例 11-7】

以 w+ 模式打开 test.txt 文件，读取文件内容并输出。程序如下所示：

```
1.   f = open('test.txt', 'w+')
2.   s = f.write("hello, python!")
3.   print(s)
4.   f.close()
```

【代码解析】

第 1 行：使用 open 函数以 w+ 模式打开文件名为 test.txt 的文件。

第 2 行：使用 write 函数把字符串“hello，python！”写入文件中。

第 4 行：使用 close 函数关闭该文件。

【程序运行结果】

运行程序，打开 test.txt 文件，如图 11-12 所示，字符串“hello, python!”已经成功写入文件中。

图 11-12　成功写入文件

【示例 11-8】

以 r 模式打开刚刚创建的 test.txt 文件，读取并输出文件中的内容。程序如下所示：

```
1.    f = open('test.txt', 'r')
2.    s = f.read()
3.    print(s)
4.    f.close()
```

【代码解析】

第 1 行：使用 open 函数以 r 模式打开文件名为 test.txt 的文件。

第 2 行：使用 read 函数读取文件的内容，并赋值给变量 s。

第 3 行：输出变量 s 的值。

第 4 行：使用 close 函数关闭该文件。

【程序运行结果】

程序运行结果如图 11-13 所示，成功输出字符串"hello，python！"，即成功读取文件。

图 11-13　成功读取文件

案例 11-1：注册与登录

【案例说明】

无论是在登录网站、QQ 还是微信时，都有一个固定程序，即先注册后登录，然后才能正常使用。系统如何知道用户输入的账号和密码是否正确呢？用户注册时账号和密码信息被保存在服务器的数据库中，每次登录时系统就会把用户输入的数据与数据库中保存的数据进行比较，这样就可以知道账号和密码是否正确了。

【案例编程】

使用文件保存账号和密码，模拟实现 QQ 用户的注册与登录过程。程序如下所示：

```
1.    def fun1():
2.        a = input("1、注册    2、登录：")
3.        try:
4.            a = int(a)
5.        except:
6.            pass
```

```
7.        return a
8.    def fun2():
9.        name = input("请输入账号名：")
10.       passward1 = input("请输入密码：")
11.       passward2 = input("请再次输入密码：")
12.       if(passward1 != passward2):
13.           print("两次输入密码不同，注册失败！")
14.       else:
15.           f = open("./data.txt","w")
16.           f.write(name+","+passward1)
17.           f.close()
18.           print("注册成功！")
19.   def fun3():
20.       name = input("请输入账号名：")
21.       passward = input("请输入密码：")
22.       try:
23.           f = open("./data.txt","r")
24.       except:
25.           f = open("./data.txt","w+")
26.       data = f.read()
27.       if(data == ""):
28.           print("你还没注册，请先注册！")
29.       else:
30.           s = data.split(",")
31.           if(name == s[0] and passward == s[1]):
32.               print("登录成功！")
33.           else:
34.               print("账号或者密码不对！")
35.   def main():
36.       while True:
37.           a = fun1()
38.           if(a == 1):
39.               fun2()
40.           elif(a == 2):
41.               fun3()
42.           else:
```

```
43.              print("输入有误！")
44. main()
```

【代码解析】

第 1 ～ 7 行：定义函数 fun1，用于获取用户输入。

第 2 行：使用 input 函数获取用户输入，并赋值给变量 a。

第 3 ～ 6 行：把变量 a 转换为整数，并做异常处理。

第 7 行：使用 return 语句返回变量 a 的值。

第 8 ～ 18 行：定义 fun2 函数，用于用户注册。

第 9 行：获取用户输入的账号名。

第 10、11 行：获取用户输入的两次密码。

第 12、13 行：如果两次密码不同，则输出提示信息。

第 14 ～ 18 行：如果两次密码相同，则打开文件，将账号名和密码写入文件中，并输出提示信息。

第 19 ～ 34 行：定义 fun3 函数，用于用户登录。

第 20、21 行：获取用户输入的账号名和密码。

第 22 ～ 25 行：打开存储账号和密码的文件，并做异常处理。

第 26 行：读取文件。

第 27、28 行：如果读取的内容为空，则提示还没有注册。

第 29 ～ 34 行：如果读取的内容为非空，则判断账号和密码是否正确。

第 30 行：使用 split 函数分离出账号和密码。

第 31 ～ 34 行：判断输入的账号、密码与读取的账号和密码是否相同。

第 35 ～ 43 行：定义 main 函数。

第 36 行：进入 while 无限循环。

第 37 行：调用 fun1 函数。

第 38 ～ 43 行：如果用户输入 1，则调用 fun2 函数；如果用户输入 2，则调用 fun3 函数；否则提示输入错误。

第 44 行：调用 main 函数。

【程序运行结果】

程序运行结果如图 11-14 所示。如图中红色框，在没有注册的情况下登录，提示"你还没注册，请先注册！"；如图中黄色框，在注册时两次输入的密码不同，提示"两次输入密码不同，注册失败！"；如图中蓝色框，两次密码一致，提示"注册成功！"；如图中绿色框，账号和密码与注册时一致，提示"登录成功！"。

注册之后，用户的账号和密码保存在文件中，再次运行程序时可以直接登录，如图 11-15 所示。第一次输入的密码不对，输出"账号或者密码不对！"的提示信息，第二次输入的密码和账号都正确，输出"登录成功！"的信息。

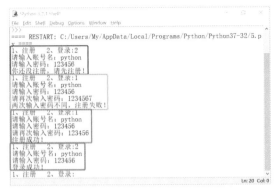

图 11-14　案例 11-1 的程序运行结果（1）

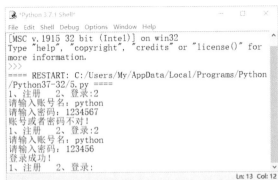

图 11-15　案例 11-1 的程序运行结果（2）

11.4　目录的基本操作

在实际开发中，除了掌握文件读写的基本操作外，还需要熟练地对目录进行操作，这里的目录可以理解为文件夹，如创建目录、判断文件是否存在等。在 os 和 os.path 这两个内置模块中提供了目录的基本操作方法。

11.4.1　绝对路径与相对路径

绝对路径是指文件保存在硬盘上的路径。例如 test.txt 文件保存在硬盘的"E:\ 青少年 Python 编程 \ 第十一章"目录下，那么 test.txt 文件的绝对路径就是 "E:\ 青少年 Python 编程 \ 第十一章 \test.txt"。

相对路径就是相对于自己当前所在位置的目标位置。"./"代表当前所在目录，"../"代表上一级目录。

可以通过 os.path 模块中的 abspath 函数获取文件的绝对路径。abspath 函数的语法见表 11-7。

表 11-7　abspath 函数的语法

项　　目	语法说明
语　　法	abspath(filename)
参　　数	filename：文件名称
返回值	文件的绝对路径

【示例 11-9】

获取 test4.py 文件的绝对路径，程序如下所示：

```
1.    import os.path
2.    s = os.path.abspath("test4.py")
3.    print(s)
```

【代码解析】

第 1 行：使用 import 关键字导入 os.path 模块。

第 2 行：使用 abspath 函数获取 test.py 文件的绝对路径，并赋值给变量 s。

第 3 行：输出变量 s 的值。

【程序运行结果】

程序运行结果如图 11-16 所示，test4.py 文件的绝对路径为"D:\ 青少年 python 编程入门到精通 \ 第十一单元 \test4.py"。

图 11-16　输出文件的绝对路径

11.4.2　创建与删除目录

除了创建文件，创建目录也是非常有必要的。mkdir 函数用于创建单个目录。mkdir 函数的语法见表 11-8。

表 11-8　mkdir 函数的语法

项　目	语法说明
函　数	os.mkdir(filename)
参　数	filename：目录名称
返回值	无，如果目录已经存在，则会报错

当创建的目录下还有子目录需要创建时，使用 mkdir 函数会显得比较力不从心，此时可以使用 makedirs 函数递归创建目录。makedirs 函数的语法见表 11-9。

表 11-9　makedirs 函数的语法

项　目	语法说明
函　数	os.makedirs(filename)
参　数	filename：目录路径
返回值	无，如果目录已经存在 , 则会报错

有创建就有删除，在 Python 中使用 rmdir 函数删除一个目录。rmdir 函数的语法见表 11-10。

表 11-10　rmdir 函数的语法

项　目	语法说明
函　数	os.rmdir(filename)
参　数	filename：目录路径
返回值	成功删除，则返回 None，如果文件不存在，则报错

【示例 11-10】

可以根据用户的输入选择创建或者删除目录，程序如下所示：

```
1.    import os
2.    a = input("1 创建目录  2 删除目录: ")
3.    try:
4.        a = int(a)
5.    except:
6.        print(" 输入错误 !")
7.    else:
8.        name = input(" 请输入目录名称: ")
9.        if(a == 1):
10.           try:
11.               os.mkdir(str(name))
12.           except:
13.               print(" 目录创建失败!  ")
14.           else:
15.               print(" 目录创建成功 !")
16.       elif(a == 2):
17.           try:
18.               os.rmdir(str(name))
19.           except:
20.               print(" 目录删除失败!  ")
21.           else:
22.               print(" 目录删除成功 !")
```

【代码解析】

第 1 行：使用 import 关键字导入 os 模块。

第 2 ～ 6 行：获取用户输入，并做异常处理。

第 7 行：如果判断上面没有异常发生，则执行第 8 ～ 22 行程序。

第 8 行：获取用户输入的目录名称。

第 9 ～ 15 行：创建目录，并做异常处理。

第 16 ～ 22 行：删除目录，并做异常处理。

【程序运行结果】

第一次运行程序时会先创建目录，程序运行结果如图 11-17 所示，显示目录创建成功。在对应路径下名为"目录名称"的目录已经存在，如图 11-18 所示。

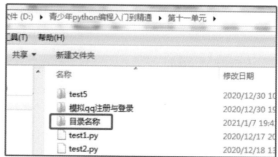

图 11-17　示例 11-10 的程序运行结果（1）　　　图 11-18　示例 11-10 的程序运行结果（2）

第二次运行程序时会删除目录，程序运行结果如图 11-19 所示，显示目录删除成功。此时在对应路径下名为"目录名称"的目录已经不见了。

图 11-19　示例 11-10 的程序运行结果（3）

11.4.3　判断文件路径是目录还是文件

Isfile 函数用于判断文件路径是否为文件，是文件则返回 True，是文件夹则返回 False。isdir 函数用于判断文件路径是否为目录，是目录则返回 True，否则返回 False。isfile 和 isdir 函数的语法见表 11-11。

表 11-11　isfile 和 isdir 函数的语法

函　数	参　数	返回值
os.path.isfile(filename)	filename：文件路径	是文件则返回 True，是文件夹则返回 False
os.path.isdir(filename)	filename：文件路径	是目录则返回 True，是文件则返回 False

【示例 11-11】

输入文件路径，判断该文件路径是文件还是目录，程序如下所示：

```
1.    import os.path
2.    name = input(" 请输入名称: ")
3.    if(os.path.isfile(str(name))):
4.        print(" 是文件！")
5.    elif(os.path.isdir(str(name))):
6.        print(" 是目录！")
7.    else:
8.        print(" 都不是！")
```

【代码解析】

第 1 行：使用 import 关键字导入 os.path 模块。

第 2 行：获取用户输入的路径名称。

第 3、4 行：判断如果是文件，则输出"是文件！"。

第 5、6 行：判断如果是目录，则输出"是目录！"。

第 7、8 行：如果既不是文件，也不是目录，则输出"都不是！"。

【程序运行结果】

总共运行 3 次程序，结果如图 11-20 所示。第一次输入 test6.py，判断为文件；第二次输入"模拟 qq 注册与登录"，判断为目录；第三次输入 123，判断既不是文件也不是目录。

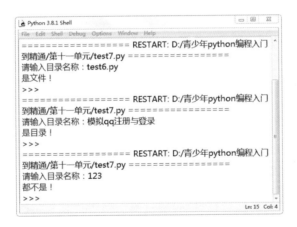

图 11-20　示例 11-11 的程序运行结果

11.5　CSV 文件

CSV 是一种以逗号分隔数值的文件类型。在数据库或电子表格中，常见的导入 / 导出文件的格式就是 CSV 格式。CSV 格式通常以纯文本的方式存储数据表。

CSV 文件的创建、打开、关闭与 11.3 节中讲解的方法一样，不同之处在于文件的读写方式。

11.5.1 读取数据

新建一个如图 11-21 所示的表格，文件名为 test1.csv，接下来使用 csv 模块对该表格进行操作。注意，在程序执行时，确保文件处于关闭状态，不要手动打开文件，否则程序会读取失败。

	A	B	C	D	E
1	姓名	年龄	职业	地址	月收入
2	张三	25	自由职业	北京	10000
3	李四	23	程序员	上海	12000
4	王五	35	快递员	成都	9000

图 11-21　文件内容

【示例 11-12】

用 csv 模块读取表格中的行，程序如下所示：

```
1.    import csv
2.    with open("test1.csv") as f:
3.        reader = csv.reader(f)
4.        rows=[row for row in  reader]
5.        print(rows[0])
```

【代码解析】

第 1 行：使用 import 关键字导入 csv 模块。

第 2 行：使用 with open 方式打开 test1.csv 表格文件。使用 with 的好处是不用关闭文件，文件操作完成后会自动关闭。

第 3 行：使用 csv 模块中的 reader 函数读取文件，并赋值给变量 reader。

第 4 行：使用列表生成的方式遍历变量 reader 中的各行，把每行作为一个元素放入列表 rows 中。

第 5 行：输出列表 rows 中索引为 0 的元素，即输出第一行的内容。

【程序运行结果】

程序运行结果如图 11-22 所示，输出了表格中第一行的内容，即所有字段的名称。

图 11-22　示例 11-12 的程序运行结果

【示例 11-13 】

使用 csv 模块读取表格中的列，程序如下所示：

```
1.   import csv
2.   with open("test1.csv") as f:
3.       reader = csv.reader(f)
4.       column=[row[0] for row in  reader]
5.       print(column)
```

【代码解析】

第 1 行：使用 import 关键字导入 csv 模块。

第 2 行：使用 with open 方式打开 test1.csv 表格文件。

第 3 行：使用 csv 模块中的 reader 函数读取文件，并赋值给变量 reader。

第 4 行：使用列表生成的方式遍历变量 reader 中的各行，把每行索引为 0 的元素放入列表 column 中。

第 5 行：输出列表 column 中的所有元素，即输出第一列中的内容。

【程序运行结果】

程序运行结果如图 11-23 所示，输出了表格中第一列的内容，即所有的姓名。

图 11-23　示例 11-13 的程序运行结果

【示例 11-14 】

获取某列的最大值，如获取最高工资，程序如下所示：

```
1.   import csv
2.   with open("test1.csv") as f:
3.       reader = csv.reader(f)
4.       salary=[row[4] for row in  reader]
5.       salary=[int(i) for i in salary[1:]]
6.       print(" 最高工资为：",max(salary))
```

【代码解析】

第 1 行：使用 import 关键字导入 csv 模块。

第 2 行：使用 with open 方式打开 test1.csv 表格文件。

第 3 行：使用 csv 模块中的 reader 函数读取文件，并赋值给变量 reader。

第 4 行：使用列表生成的方式遍历变量 reader 中的各行，把每行索引为 4 的元素放入列表 salary 中。

第 5 行：去除表头"月收入"，对其他数据进行类型转换。

第 6 行：输出列表 salary 中的最大值。

【程序运行结果】

程序运行结果如图 11-24 所示，输出的最高工资为 12000。

图 11-24　示例 11-14 的程序运行结果

11.5.2　写入数据

同样以 test1.csv 文件为操作对象，把数据写入该表格文件中。

【示例 11-15】

使用 csv 模块写入一行数据到表格中，程序如下所示。

```
1.   import csv
2.   with open("test1.csv",'a') as f:
3.       row=[' 小明 ','23',' 学生 ',' 广州 ','2000']
4.       write=csv.writer(f)
5.       write.writerow(row)
6.       print(" 写入完毕！ ")
```

【代码解析】

第 1 行：使用 import 关键字导入 csv 模块。

第 2 行：使用 with open 方式打开 test1.csv 表格文件。

第 3 行：定义一个列表 row，其中存放要写入的一行数据。

第 4、5 行：把列表 row 写入 write 对象中。

第 6 行：输出提示信息。

【程序运行结果】

运行程序后，打开 test1.csv 表格文件，如图 11-25 所示，row 列表中的内容已经被成功写入该文件中。

	A	B	C	D	E
1	姓名	年龄	职业	地址	月收入
2	张三	25	自由职业	北京	10000
3	李四	23	程序员	上海	12000
4	王五	35	快递员	成都	9000
5	小明	23	学生	广州	2000

图 11-25　示例 11-15 的程序运行结果

11.5.3　删除数据

同样以 test1.csv 文件为操作对象，删除该表格的最后一行数据。

【示例 11–16】

使用 csv 模块删除表格中的行，程序如下所示。

```
1.  import csv
2.  rows = [ ]
3.  with open("test1.csv") as f:
4.      reader = csv.reader(f)
5.      rows=[row for row in  reader]
6.  with open("test1.csv",'w',newline="") as f:
7.      write=csv.writer(f)
8.      for row in rows[:len(rows)-1]:
9.          write.writerow(row)
10.     print(" 删除成功！ ")
```

【代码解析】

第 1 行：导入 csv 模块。

第 2 行：定义列表 rows。

第 3 ～ 5 行：把 test1.csv 文件中的数据读取到列表 rows 中。

第 6 ～ 9 行：把列表 rows 切片后写入 test1.csv 文件中。

第 10 行：输出提示信息。

【程序运行结果】

运行程序后，打开 test1.csv 表格文件，如图 11–26 所示，最后一行已经被成功删除。

	A	B	C	D	E
1	姓名	年龄	职业	地址	月收入
2	张三	25	自由职业	北京	10000
3	李四	23	程序员	上海	12000
4	王五	35	快递员	成都	9000
5					

图 11-26　示例 11-16 的程序运行结果

总结与练习

【本章小结】

本章主要讲解了异常和异常处理的相关方法，以及文件和目录的基本操作。异常处理在程序中非常重要，可以有效地保证程序的健壮性和稳定性。通过学习文件和目录的基本操作，可以实现数据的长久存储，特别是通过 csv 模块可以非常方便地对表格数据进行操作。

【巩固练习】

编写一段程序，模拟微信中的用户注册与登录，账号和密码信息保存在文件中。如果用户没有注册就登录，提示"请先注册，再登录！"，只有账号和密码完全正确，才提示"登录成功！"，否则提示"登录失败！"。

● 目标要求

通过该练习，熟练掌握文件的读写方法，为后续的学习打下基础。

● 编程提示

（1）获取用户要操作的功能，如输入 1 表示注册，输入 2 表示登录。

（2）如果是注册，则获取用户输入的账号和密码，并保存在文件中。

（3）如果是登录，一要获取用户输入的账号和密码，二要读取保存在文件中的账号和密码信息并进行比对。

第 12 章

万物皆是对象：
面向对象程序设计

📖 **本章导读**

　　面向对象编程（oop）是一种程序设计思想，即把对象作为程序的基本单元，一个对象包含了数据和操作数据的函数。Python是一门面向对象的高级编程语言，养成面向对象的编程思想，对学习 Python 编程语言非常重要。

扫一扫，看视频

12.1　面向对象编程

在面向对象编程中，总是离不开类和实例这两个概念。什么是类？什么是实例呢？简单来说，类是一类事物的或具有相似特征的事物的抽象，它是抽象的，不能具体化；实例是类的具体化，它是一个具体的东西，是真实存在的一个事物或者一种群体。

12.1.1　面向对象与面向过程的区别

面向过程的程序设计把计算机程序视为一系列的命令集合，也就是一组函数的顺序执行。为了简化程序设计，面向过程的程序设计把函数继续切割为子函数，即把大块函数通过切割成小块函数来降低系统的复杂度。

面向对象的程序设计把计算机程序视为一组对象的集合，每个对象都可以接收其他对象发送的数据，并处理这些数据。计算机程序的执行就是一系列数据在各个对象之间的传递。

在 Python 编程中，所有数据类型都可以看作对象，也可以自定义对象。自定义对象的数据类型就是面向对象中的类。下面以示例 12-1 来说明面向过程和面向对象在程序设计流程上的区别。

【示例 12-1】

假设要处理学生的成绩表，面向过程的程序设计如下：

```
1.   std1 = { 'name': '张三', 'age': 12 }
2.   std2 = { 'name': '李四', 'age': 13 }
3.   def print_age(std):
4.       print('%s: %s' % (std['name'], std['age']))
5.   print_age(std1)
6.   print_age(std2)
```

【代码解析】

第 1、2 行：分别定义两个字典 std1 和 std2，字典中存放学生姓名和年龄的信息。

第 3、4 行：定义 print_age 函数，该函数接收一个字典类型的参数。

第 4 行：输出参数中的内容。

第 5、6 行：分别输出 std1 和 std2 中的学生姓名和年龄。

【程序运行结果】

程序运行结果如图 12-1 所示，正确地输出了 std1 与 std2 中的学生姓名和年龄。

图 12-1　示例 12-1 的程序运行结果

示例 12-1 是面向过程的编程，而面向对象的编程与这种方式截然不同。采用面向对象的程序设计思想，首先思考的不是程序的执行流程，而是学生这种数据类型应该被视为一个对象，这个对象拥有 name 和 age 两个属性。如果要输出一个学生的年龄，首先必须创建这个学生对应的对象，然后给对象发送 print_age 的消息，让对象把自己的数据打印出来。

【示例 12-2】

要处理学生的成绩表，面向对象的程序设计如下：

```
1.   class Student(object):
2.      def __init__(self, name, age):
3.          self.name = name
4.          self.age = age
5.      def print_age(self):
6.          print('%s: %s' % (self.name, self.age))
7.   zs = Student(' 张三 ', 12)
8.   ls = Student(' 李四 ', 13)
9.   zs.print_age()
10.  ls.print_age()
```

【代码解析】

第 1 行：定义 Student 类。

第 2 ～ 4 行：在 __init__ 函数中定义实例属性 name 和 age。

第 5、6 行：定义 print_age 函数，用于输出实例属性。

第 7、8 行：使用 Student 类分别实例化两个对象 zs 和 ls。

第 9、10 行：调用对象的 print_age 方法，输出实例属性的值。

【程序运行结果】

程序运行结果如图 12-2 所示，正确地输出了对象 zs 和 ls 的姓名和年龄，与示例 12-1 的程序运行结果一致，说明两种编程方法都是可以的。

图 12-2　示例 12-2 的程序运行结果

小提示

　　面向对象的程序设计思想是从自然界中得来的，因为在自然界中，类和实例的概念是很自然的。类是一种抽象概念，如定义的 Student 类，是指学生这个概念，而实例是一个个具体的 Student，如 zs 和 ls 是两个具体的 Student。

　　面向对象的程序设计思想是抽象出类，根据类创建实例。面向对象的抽象程度比函数要高，因为一个类既包含数据，又包含操作数据的方法。

12.1.2　类和实例

　　面向对象最重要的概念就是类和实例，必须牢记，类是抽象的模板，如 Student 类。实例是根据类创建出来的一个个具体的对象，每个对象都拥有相同的方法，但各自的数据可能不同。

12.2　自定义类

　　在 Python 编程中，系统本身提供了很多类供用户使用。为了提高效率，也可以自定义类，本节将学习如何自定义一个类并实例化该类。

12.2.1　创建类

　　Python 中通过 class 关键字创建类，类名一般要求大写，自定义的类一般要继承 object 类。

【示例 12-3】

　　仍以创建一个 Student 类为例，程序如下所示：

```
1.   class Student(object):
2.       pass
```

【代码解析】

　　在第 1 行中，class 后面紧接着的是类名，即 Student，类名通常是以大写字母开头的单词，紧接着的是 "(object)"，表示该类是从哪个类继承来的，继承的概念后面再讲。通常，如果没有合适的继承类，就使用 object 类，这是所有类最终都会继承的类。Student 类是一个空类，没有任何功能，因此第 2 行中使用 pass 语句。

12.2.2　类的实例化

类的实例化就是通过类生成一个新的具体的对象。示例 12-3 中已经定义了 Student 类，接下来就可以根据 Student 类创建 Student 类的实例。

【示例 12-4】

以 Student 类为例，创建实例是通过类名加括号实现的，程序如下所示：

```
1.   class Student(object):
2.        pass
3.   zs = Student()
4.   print(zs)
5.   print(type(zs))
```

【代码解析】

第 1、2 行：定义一个 Student 类。

第 3 行：使用 Student 类实例化一个 zs 对象。

第 4 行：输出 zs 对象的值。

第 5 行：输出 zs 对象的类型。

【程序运行结果】

程序运行结果如图 12-3 所示，zs 是 Student 类的一个对象，后面的 0x0000000002902DC 是内存地址，每个对象的地址都不一样。

图 12-3　示例 12-4 的程序运行结果

12.3　属性

本节在类中添加一些属性，类的属性分为实例属性和类属性。一般来说，不同实例对象的实例属性是不一样的，而不同实例对象的类属性是一样的。

12.3.1　实例属性

实例属性就是在实例对象中定义的属性，即在创建类时，定义在 __init__ 函数中的属性。

【示例 12-5】

在创建类时定义一个 __init__ 函数，在创建实例时，把 name、score 等属性填上去，程序如下所示：

```
1.  class Student(object):
2.      def __init__(self, name, score):
3.          self.name = name
4.          self.score = score
5.  a = Student("jack",98)
6.  print(a.name)
7.  print(a.score)
```

【代码解析】

第 1 行：使用 class 关键字定义一个 Student 类。

第 2～4 行：在 __init__ 函数中添加 name 和 score 属性。

第 5 行：使用 Student 类实例化一个对象 a。

第 6、7 行：分别输出对象 a 的实例属性的值。

小提示

__init__ 函数的第一个参数永远是 self，表示创建的实例本身。因此，在 __init__ 函数内部，!可以把各种属性绑定到 self，因为 self 指向创建的实例本身。有了 __init__ 函数，在创建实例时，就不能传入空的参数了，必须传入与 __init__ 函数匹配的参数，但不需要传 self 参数的值，Python 解释器会自动把实例变量传进去。

【程序运行结果】

程序运行结果如图 12-4 所示，成功输出对象 a 的两个实例属性。

图 12-4　示例 12-5 的程序运行结果

和普通函数相比，在类中定义的函数只有一点不同，即第一个参数永远是实例变量 self，并且在调用时不用传递该参数的值。除此之外，类的方法和普通函数没有什么区别，所以，仍然可以使用默认参数、可变参数、关键字参数和命名关键字参数。

12.3.2 类属性

与实例属性不同，类属性不需要在 __init__ 函数中定义，而是定义在 __init__ 函数的外部。

【示例 12-6】

在 Student 类中定义一个类属性，程序如下所示：

```
1.   class Student(object):
2.       school_name = " 光明小学 "
3.       def __init__(self, classroom, name, age):
4.           self.classroom = classroom
5.           self.name = name
6.           self.age = age
7.   jack = Student('No1','jack','15')
8.   lili = Student('No1','lili','12')
9.   print(jack.school_name,jack.classroom,jack.name,jack.age)
10.  print(lili.school_name,lili.classroom,lili.name,lili.age)
```

【代码解析】

第 1～6 行：定义一个 Student 类。

第 2 行：添加类属性 school_name，并且在创建类时就已经确定类属性的值。

第 3～6 行：在 __init__ 函数中的 classroom、name 和 age 属性都是实例属性。

第 7、8 行：分别实例化两个对象 jack 和 lili。

第 9、10 行：分别输出两个对象 jack 和 lili 的属性值。

【程序运行结果】

程序运行结果如图 12-5 所示，两个对象的 school_name 属性的值是一样的，因为 school_name 是类属性，而且在创建对象时不需要传递类属性。

图 12-5　示例 12-6 的程序运行结果

12.3.3 动态属性

通常将编程语言分为静态和动态两种类型。静态语言的变量在内存中是有类型且不可变化的，除非强制转换它的类型；动态语言的变量指向内存中的标签或者名称，其类型在代码运行过程中会根据实际的值而变化。Python 就是典型的动态语言。

【示例 12-7】

添加动态属性的程序如下所示：

```
1.    class Student(object):
2.        school_name = " 光明小学 "
3.        def __init__(self, classroom, name, age):
4.            self.classroom = classroom
5.            self.name = name
6.            self.age = age
7.    jack = Student('No1','jack','15')
8.    jack.qq = 10397801
9.    print(jack.school_name,jack.classroom,jack.name,jack.age,jack.qq)
```

【代码解析】

第 1 ~ 6 行：定义 Student 类，而且没有定义 qq 属性。

第 7 行：使用 Student 类实例化 jack 对象。

第 8 行：给 jack 对象动态地添加了一个 qq 属性。

第 9 行：输出 jack 对象中的所有属性值。

【程序运行结果】

程序运行结果如图 12-6 所示，jack 对象中的所有属性值都被成功输出，包括动态属性 qq 的值。

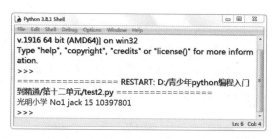

图 12-6　示例 12-7 的程序运行结果

 方法

Python 中至少有 3 种比较常见的方法类型：实例方法、类方法、静态方法。它们是如何定义和被调用的呢？它们又有何区别和作用呢？本节将会详细讲解。

12.4.1 实例方法

实例方法的定义：第一个参数必须是实例对象，该参数一般约定为 self，通过它来传递实例的属性和方法（也可以传递类的属性和方法）。实例方法只能由实例对象调用。

【示例 12-8】

给 Student 类添加一个实例方法，程序如下所示：

```
1.   class Student(object):
2.      school_name = "光明小学"
3.      def __init__(self, classroom, name, age):
4.          self.classroom = classroom
5.          self.name = name
6.          self.age = age
7.      def run(self):
8.          print("__runing__")
9.   jack = Student('No1','jack','15')
10.  jack.run()
```

【代码解析】

第 1～8 行：定义 Student 类，并且没有定义 qq 属性。

第 7、8 行：给 Student 类添加一个实例方法 run。

第 9 行：使用 Student 类实例化一个对象 jack。

第 10 行：调用 jack 对象的 run 方法。

【程序运行结果】

程序运行结果如图 12-7 所示，输出 __runing__，即 run 方法被调用。

图 12-7　示例 12-8 的程序运行结果

12.4.2 静态方法

静态方法的定义：使用装饰器 @staticmethod，参数随意，没有 self 和 cls 参数，但是方法体中不能使用类或实例的任何属性和方法，实例对象和类对象都可以调用静态方法。静态方法是类中的函数，不需要实例。静态方法主要用来存放逻辑性的代码，在逻辑上属于类，但和类本身没有关系。也就是说，在静态方法中不会涉及类中的属性和方法的操作。可以理解为，静态方法是独立的、单纯的函数，它仅仅托管于某个类的名称空间中，以便于使用和维护。

【示例 12-9】

给 Student 类添加一个静态方法，程序如下所示：

```
1.   import time
2.   class Student(object):
3.       school_name = " 光明小学 "
4.       def __init__(self, classroom, name, age):
5.           self.classroom = classroom
6.           self.name = name
7.           self.age = age
8.       def run(self):
9.           print("___runing__")
10.      @staticmethod
11.      def showTime():
12.          return time.strftime("%H:%M:%S", time.localtime())
13.  t = Student.showTime()
14.  print(t)
15.  jack = Student('No1','jack','15')
16.  t = jack.showTime()
17.  print(t)
```

【代码解析】

第 1 行：使用 import 关键字导入 time 模块。

第 2 ～ 12 行：定义 Student 类的属性和方法。

第 10 ～ 12 行：使用 @staticmethod 定义了一个静态方法 showTime。

第 13、14 行：使用类名 Student 调用静态方法，并输出返回值。

第 15 ～ 17 行：实例化一个 jack 对象，使用 jack 对象调用静态方法，并输出返回值。

【程序运行结果】

程序运行结果如图 12-8 所示，两行的输出结果是一样的，因为类和对象调用的是同一个静态方法。

图 12-8　示例 12-9 的程序运行结果

12.4.3　类方法

类方法的定义：使用装饰器 @classmethod，第一个参数必须是当前类对象，该参数一般约定为 cls，通过它来传递类的属性和方法（不能传递实例的属性和方法），实例对象和类对象都可以调用类方法。原则上，类方法是将类本身作为对象进行操作的方法。假设某个方法在逻辑上采用类本身作为对象来调用更合理，那么这个方法就可以定义为类方法。如果这个方法需要继承，则也可以定义为类方法。

【示例 12-10】

给 Student 类添加一个类方法，程序如下所示：

```
1.    import time
2.    class Student(object):
3.        school_name = " 光明小学 "
4.        def __init__(self, classroom, name, age):
5.            self.classroom = classroom
6.            self.name = name
7.            self.age = age
8.        def run(self):
9.            print("___runing__")
10.       @classmethod
11.       def showTime(cls):
12.           return time.strftime("%H:%M:%S", time.localtime())
13.   t = Student.showTime()
14.   print(t)
15.   jack = Student('No1','jack','15')
16.   t = jack.showTime()
17.   print(t)
```

【代码解析】

第 1 行：使用 import 关键字导入 time 模块。

第 2 ～ 12 行：定义 Student 类的属性和方法。

第 10 ～ 12 行：使用 @classmethod 定义了一个类方法 showTime。定义类方法时必须填写参数 cls。

第 13、14 行：使用类名 Student 调用类方法，并输出返回值。

第 15 ～ 17 行：实例化一个 jack 对象，使用 jack 对象调用类方法，并输出返回值。

【程序运行结果】

程序运行结果如图 12-9 所示，两行的输出结果是一样的。

图 12-9　示例 12-10 的程序运行结果

12.4.4　动态方法

动态方法与动态属性比较类似，即在实例化对象后，给该对象动态地添加一个方法。

【示例 12-11】

给对象 jack 添加一个动态方法，程序如下所示：

```
1.    import time
2.    class Student(object):
3.        school_name = " 光明小学 "
4.        def __init__(self, classroom, name, age):
5.            self.classroom = classroom
6.            self.name = name
7.            self.age = age
8.    def run():
9.        print("___runing__")
10.   jack = Student('No1','jack','15')
11.   jack.run = run
12.   jack.run()
```

【代码解析】

第 1 行：使用 import 关键字导入 time 模块。

第 2 ～ 7 行：定义了 Student 类的属性。

第 8、9 行：定义一个方法 run。

第 10 行：实例化一个对象 jack。

第 11 行：给 jack 对象动态地添加方法 run。

第 12 行：调用方法 run。

【程序运行结果】

程序运行结果如图 12-10 所示，已经成功调用动态方法 run。

图 12-10　示例 12-11 的程序运行结果

 12.5 **类的继承**

　　面向对象的编程语言的一个主要功能就是继承。继承是指具有这样一种能力：它可以使用现有类的所有功能，并在无须重新编写原来的类的情况下对类中的功能进行扩展。通过继承创建的新类称为子类或派生类，被继承的类称为基类、父类或超类。继承的过程就是从一般到特殊的过程。在某些面向对象的编程语言中，一个子类可以继承多个基类。一般情况下，一个子类只能有一个基类，要实现多重继承，可以通过多级继承来实现。

12.5.1　继承

【示例 12-12】

定义父类 Person，子类 Chinese 继承父类 Person，程序如下所示：

```
1.   class Person(object):
2.       def talk(self):
3.           print("person is talking...")
4.   class Chinese(Person):
5.       def walk(self):
6.           print('is walking...')
7.   c = Chinese()
8.   c.talk()
9.   c.walk()
```

【代码解析】

第 1 ～ 3 行：定义一个父类 Person。

第 4 ～ 6 行：定义一个子类 Chinese，并继承父类 Person。

第 7 行：使用 Chinese 类实例化一个对象 c。

第 8 行：调用继承 Person 类的 talk 方法。

第 9 行：调用子类本身的 walk 方法。

【程序运行结果】

程序运行结果如图 12-11 所示，不论是继承的方法，还是自身的方法，都可以被实例对象调用。

图 12-11　示例 12-12 的程序运行结果

12.5.2　对父类方法的重写

如果需要修改基类或者父类的方法，可以在子类中重构该方法。

【示例 12-13】

以重写 Person 类中的 talk 方法为例，程序如下所示：

```
1.  class Person(object):
2.      def __init__(self, name, age):
3.          self.name = name
4.          self.age = age
5.          self.weight = 'weight'
6.      def talk(self):
7.          print("person is talking...")
8.  class Chinese(Person):
9.      def __init__(self, name, age, language):
10.         Person.__init__(self, name, age)
11.         self.language = language
12.         print(self.name, self.age, self.weight, self.language)
13.     def talk(self):
14.         print('%s is speaking chinese' % self.name)
15.     def walk(self):
16.         print('is walking...')
17. c = Chinese('mingming', 22, 'Chinese')
18. c.talk()
```

【代码解析】

第 1 ～ 7 行：定义一个父类 Person。

第 8 ～ 16 行：定义一个子类 Chinese，并继承 Person 父类。

第 13、14 行：重写父类中的 talk 方法。

第 17 行：使用 Chinese 类实例化一个对象 c。

第 18 行：调用对象 c 继承父类的方法。

【程序运行结果】

程序运行结果如图 12–12 所示，第一行输出对象 c 的属性，第二行输出对象 c 的 talk 方法。

图 12-12　示例 12-13 的程序运行结果

总结与练习

【本章小结】

本章通过对比面向过程和面向对象的编程方法，深入地理解了面向对象编程的思路。Python 是一门面向对象的编程语言，因此养成面向对象的编程思想对于学习 Python 语言非常重要。本章主要学习了类与对象的关系、类的创建、属性和方法的添加。继承是面向对象的一个重要知识点。

【巩固练习】

使用面向对象的编程方法，编写一个绘图类，通过调用该类的方法可以轻松地绘制几何图形，如三角形、正方形、五边形等。

● **目标要求**

通过该练习，更好地理解面向对象的编程，在平时编程时能够自觉地使用面向对象的编程思想编写相关程序。

● **编程提示**

（1）导入turtle模块，用于绘图。

（2）给类添加画笔颜色、填充颜色、画笔粗细属性。

（3）给类添加绘制几何图形的方法。

（4）定义类之后，实例化该类并传入相关属性，调用该类的相关方法，即可绘制相应的图形。

第 13 章

图形化编程：
tkinter 模块

📖 本章导读

图形用户接口又称 GUI，英文全称是 Graphical User Interface。早期人与计算机之间的沟通是以文字形式进行的，如 DOS 操作系统、Windows 的命令提示符窗口、Linux 操作系统等。本章主要说明如何设计图形用户接口，使得用户可以与计算机进行沟通，并介绍如何使用 Python 内置的 tkinter 模块设计相关程序。

扫一扫，看视频

13.1 tkinter 模块

tkinter 模块是使用 Python 进行窗口视窗设计的模块。tkinter 模块 (tk 接口) 是 Python 的标准 tk GUI 工具包的接口。tkinter 模块是 Python 自带的、编辑的 GUI 界面，可以用 GUI 实现很多直观的功能。

13.1.1 tkinter 模块简介

对于稍有 GUI 编程经验的人来说，Python 的 tkinter 界面库是非常简单的。Python 的 GUI 库非常多，选择 tkinter 模块的原因，一是最简单；二是自带库，无须下载安装即可随时使用；三是从需求出发。Python 作为一种脚本语言，一般不会用类开发复杂的桌面应用，它并不具备这方面的优势。可以把 Python 作为一个灵活的工具，而不是作为主要的开发语言，在工作中需要制作一个小工具肯定需要有界面，不仅方便自己使用，也能分享给别人使用。在这种需求下，tkinter 模块是足以胜任的。

13.1.2 常用部件

tkinter 支持 16 个核心的窗口部件，这 16 个窗口部件及其功能见表 13-1。在 tkinter 模块中窗口部件类没有分级，所有的窗口部件类在树中都是兄弟关系。所有这些窗口部件提供了 Misc 和几何管理方法、配置管理方法和部件自己定义的方法。此外，Toplevel 类也提供了窗口管理接口。

表 13-1　tkinter 的窗口部件及其功能

窗口部件类	部件元素	描　述
Button	按钮	单击时执行一个动作，如鼠标掠过、按下
Canvas	画布	提供绘画功能，可以绘制各种几何图形
Checkbutton	复选框	允许用户选择或者反选多个选项
Entry	单行文本框	单行文字域，显示一行文本
Frame	框架	用来放置其他 GUI 元素，相当于一个容器
Label	标签	用来显示不可编辑的文本或图标
Listbox	列表框	一个选项列表，用户可以从中选择
Menu	菜单	单击后弹出一个选项列表，用户可以从中选择
Menubutton	菜单按钮	用来包含菜单的组件
Message	消息框	类似标签，但可以显示多行文本
Radiobutton	单选按钮	用户可以从多个选项中选取一个
Scale	进度条	线性的"滑块"组件，可以设置起始值和结束值

续表

窗口部件类	部件元素	描　述
Scrollbar	滚动条	对其支持的组件（文本、画布、列表等）提供滚动功能
Text	多行文本框	多行文字域，显示多行文本
Toplevel	顶层	类似框架，为其他组件提供单独的容器
messageBox	消息框	用于显示应用程序的消息框

13.2 主要窗口部件的用法

在 13.1.2 节中简要介绍了 tkinter 模块的窗口部件及其功能，本节举例说明其中主要窗口部件的用法。

13.2.1 创建主窗口及标签

要使用上面提到的这些部件，首先要创建一个主窗口，然后才能在其中放置各种部件元素。

【示例 13-1】

创建主窗口的过程很简单，在文本模式下编写如下程序：

```
1.    import tkinter as tk
2.    window = tk.Tk()
3.    window.title(' 第一个 GUI 程序 ')
4.    window.geometry('500x300')
5.    l = tk.Label(window, text='Hello World', bg='green', font=('Arial', 12),
          width=30, height=2)
6.    l.pack()
7.    window.mainloop()
```

【代码解析】

第 1 行：使用 import 关键字导入 tkinter 模块。

第 2 行：实例化对象，建立窗口 window。

第 3 行：设置窗口标题。

第 4 行：设置窗口的大小（长 × 宽）。

第 5 行：在图形界面上设置标签。其中，bg 为背景，font 为字体，width 为长，height 为高。这里的长和高是字符的长和高，如 height=2，表示标签的高为 2 个字符。

第 6 行：放置标签，设置 Label 内容区域的位置，自动调节尺寸。放置 label 的方法包括 ① l.pack()；② l.place()。

第 7 行：主窗口循环显示。

> **小提示**
>
> loop 是循环的意思，window.mainloop 就会让窗口 window 不断地刷新，如果不调用 mainloop 函数，就是一个静态的窗口 window，传进去的值就不会循环。mainloop 函数就相当于一个很大的 while 循环，单击一次就会更新一次，所以必须有循环。所有的窗口文件都必须有类似的 mainloop 函数，mainloop 函数是窗口文件的关键。

【程序运行结果】

程序运行结果如图 13-1 所示，成功创建主窗口，并且在窗口的正上方有一个绿色的标签。

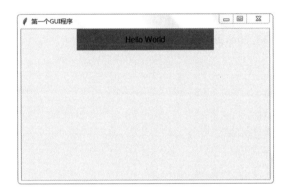

图 13-1　在主窗口中创建标签

13.2.2　Button 部件

Button（按钮）部件是一个标准的 tkinter 窗口部件，用来实现各种按钮。按钮能够包含文本或图像，并且能够将按钮与一个 Python 函数或方法相关联。按钮被按下时，tkinter 模块自动调用相关联的函数或方法。按钮仅能显示一种字体，但是其文本可以跨行。另外，按钮的文本中第一个字母可以有下画线，标明其快捷键。默认情况下，Tab 键用于将焦点移动到一个按钮部件。

什么时候使用按钮部件呢？简言之，按钮部件用来完成用户提出的"马上执行这个任务"的要求，通常用显示在按钮上的文本或图像来提示。按钮通常用在工具条或应用程序窗口中，并且用来接收或忽略在对话框中输入的数据。关于按钮和输入数据的配合，可以参考 Checkbutton 和 Radiobutton 部件。

如何创建按钮呢？很容易创建普通按钮，仅仅指定按钮的内容（文本、位图、图像）和按钮被按下时的回调函数即可。创建按钮的语法格式如下：

```
b = tk.Button(window, text="hit me", command=hit_me)
```

没有回调函数的按钮是没有用的，即按下这个按钮时它什么也不做。如果在开发一个应用程序时想实现这种按钮，如为了不干扰 beta 版的测试者，可以执行如下语句：

```
b = tk.Button(window, text="Help", command=DISABLED)
```

【示例 13-2】

在文本模式下编写如下程序：

```
1.   import tkinter as tk
2.   window = tk.Tk()
3.   window.title('My Window')
4.   window.geometry('500x300')
5.   var = tk.StringVar()
6.   l = tk.Label(window, textvariable=var, bg='green', fg='white', font=('Arial',
        12), width=30, height=2)
7.   l.pack()
8.   on_hit = False
9.   def hit_me():
10.      global on_hit
11.      if on_hit == False:
12.          on_hit = True
13.          var.set('you hit me')
14.      else:
15.          on_hit = False
16.          var.set('')
17.  b = tk.Button(window, text='hit me', font=('Arial', 12), width=10, height=1,
        command=hit_me)
18.  b.pack()
19.  window.mainloop()
```

【代码解析】

第 1 ～ 4 行：参考示例 13-1 的代码解析。

第 5、6 行：定义一个 var 字符串类型的变量，将 label 标签的内容设置为字符串类型，用变量 var 接收 hit_me 函数的传出内容，以显示在标签上。

第 7 行：放置标签。

第 8 行：定义全局变量 on_hit，初始值为 False。

第 9 ～ 16 行：定义函数 hit_me，该函数会对全局变量 on_hit 取反，并根据 on_hit 的值设置和清除变量 var 的值。

第 17 行：在窗口中放置 Button 按钮，按钮上显示文本 hit me，单击按钮时调用函数 hit_me。

【程序运行结果】

程序运行结果如图 13-2 所示，主窗口正上方放置了一个绿色标签，标签中没有任何内容，标签正下方放置了一个 Button 按钮，按钮内容为 hit me。

单击 Button 按钮时，标签上面显示 you hit me 的内容，如图 13-3 所示。再次单击该 Button 按钮时，标签内容又会被清除。

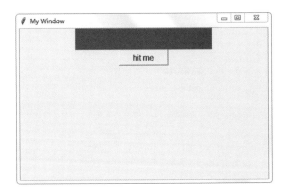

图 13-2　带标签和按钮的界面

图 13-3　单击按钮后的界面

13.2.3　Entry 部件

Entry 部件是 tkinter 类中提供的一个单行文本框，用来输入并显示一行文本，收集键盘的输入信息 (类似 HTML 中的 text)。

当需要用户输入信息时，如平时使用软件、登录网页，在用户交互界面中输入账户信息等时可以用到 Entry 部件。

【示例 13-3】

在文本模式下编写如下程序:

```
1.   import tkinter as tk
2.   window = tk.Tk()
3.   window.title('My Window')
4.   window.geometry('500x300')
5.   e1 = tk.Entry(window, show='*', font=('Arial', 14))    # 以密文形式显示
6.   e2 = tk.Entry(window, show=None, font=('Arial', 14))   # 以明文形式显示
7.   e1.pack()
8.   e2.pack()
9.   window.mainloop()
```

【代码解析】

第 1～4 行: 参考示例 13-1 的代码解析。

第 5 行：定义一个单行文本框，以密文形式显示。

第 6 行：定义一个单行文本框，以明文形式显示。

第 7～9 行：参考示例 13-1 的代码解析。

【程序运行结果】

程序运行结果如图 13-4 所示，主窗口正上方放置了 2 个单行文本框。

在第一个单行文本框中输入数据后，会以"*"的形式显示；在第二个单行文本框中输入数据后，会以明文的形式显示，如图 13-5 所示。

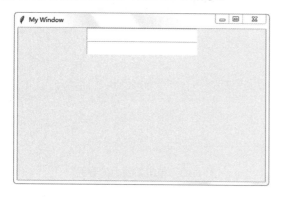

图 13-4　创建单行文本框

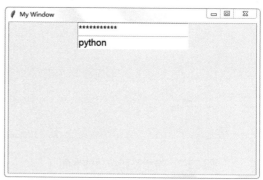

图 13-5　数据以密文和明文显示

13.2.4　Text 部件

Text 是 tkinter 模块中提供的一个多行文本框，可以显示多行文本，可以用来收集（或显示）用户输入的文字（类似 HTML 中的 textarea），并格式化显示文本。允许使用不同的样式与属性来显示和编辑文本，同时支持内嵌图像和窗口。

在需要显示编辑产品的多行信息时，如显示详细的描述文字、产品简介等，可以使用 Text 部件。Text 部件支持随时编辑。

【示例 13-4】

在文本模式下编写如下程序：

```
1.   import tkinter as tk
2.   window = tk.Tk()
3.   window.title('My Window')
4.   window.geometry('500x300')
5.   e = tk.Entry(window, show = None)
6.   e.pack()
7.   def insert_point():
8.       var = e.get()
9.       t.insert('insert', var)
10.  def insert_end():
```

```
11.     var = e.get()
12.     t.insert('end', var)
13. b1 = tk.Button(window, text='insert point', width=10, height=2,
        command=insert_point)
14. b1.pack()
15. b2 = tk.Button(window, text='insert end', width=10, height=2, command=insert_
        end)
16. b2.pack()
17. t = tk.Text(window, height=3)
18. t.pack()
19. window.mainloop()
```

【代码解析】

第 1～4 行：参考示例 13-1 的代码解析。

第 5、6 行：在图形界面上设定单行文本框部件 Entry 并放置，内容以明文形式显示。

第 7～9 行：定义函数 insert_point。

第 8 行：获取文本框 e 中的内容。

第 9 行：在文本框内容的鼠标焦点处插入内容。

第 10～12 行：定义函数 insert_end，用于获取文本框 e 中的内容，在文本框内容的最后插入内容。

第 13、14 行：设定并放置一个 Button 部件，当按钮被单击时调用 insert_point 函数。

第 15、16 行：设定并放置一个 Button 部件，当按钮被单击时调用 insert_end 函数。

第 17、18 行：创建并放置一个多行文本框部件 Text，指定 height=3。

第 19 行：参考示例 13-1 的代码解析。

【程序运行结果】

程序运行结果如图 13-6 所示，在单行文本框中输入 111111，然后单击 insert_point 按钮，可见 111111 马上就会被添加到下面的多行文本框中。

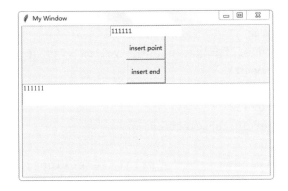

图 13-6　单击 insert point 按钮的效果

继续在单行文本框中输入 2222，不论是单击 insert point 按钮还是单击 insert end 按钮，2222 都会被添加到 111111 的后面，如图 13-7 所示。

如果想要在多行文本框的任意位置插入数据，需要先在单行文本框中输入要插入的内容，如 3333，然后把鼠标指针移动到要插入数据的位置，单击 insert point 按钮，3333 就被成功插入原有内容中，如图 13-8 所示。

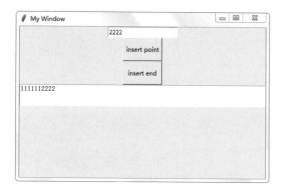

图 13-7　在文本后面添加数据

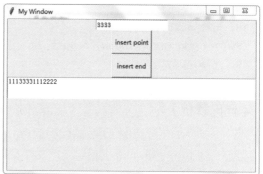

图 13-8　单击 insert point 按钮的结果

13.2.5　Listbox 部件

Listbox 是 tkinter 模块中提供的列表框部件，显示供选方案的一个列表。Listbox 能够被配置，以得到 Radiobutton 或 Checklist 部件的行为。当将一个有很多内容选项组成的列表提供给用户选择时，会用到 Listbox 部件。

【示例 13-5】

在文本模式下编写如下程序：

```
1.   import tkinter as tk
2.   window = tk.Tk()
3.   window.title('My Window')
4.   window.geometry('500x300')
5.   var1 = tk.StringVar()
6.   l = tk.Label(window, bg='green', fg='yellow',font=('Arial', 12), width=10,
         textvariable=var1)
7.   l.pack()
8.   def print_selection():
9.       value = lb.get(lb.curselection())
10.      var1.set(value)
11.  b1 = tk.Button(window, text='print selection', width=15, height=2,
         command=print_selection)
```

```
12.  b1.pack()
13.  var2 = tk.StringVar()
14.  var2.set((1,2,3,4))
15.  lb = tk.Listbox(window, listvariable=var2)
16.  list_items = [11,22,33,44]
17.  for item in list_items:
18.      lb.insert('end', item)
19.  lb.insert(1, 'first')
20.  lb.insert(2, 'second')
21.  lb.delete(4)
22.  lb.pack()
23.  window.mainloop()
```

【代码解析】

第 1 ～ 7 行：参考示例 13-1 的代码解析。

第 8 ～ 10 行：定义函数 print_selection，用于处理按钮的单击事件。

第 11、12 行：设定并放置一个 Button 按钮，当按钮被单击时调用 print_selection 函数。

第 13、14 行：定义变量 var2，并为变量 var2 设置值。

第 15 行：创建 Listbox 列表框，提供一个选项列表，用户可以从中选择。

第 16 行：定义一个列表 list_items 并赋值。

第 17、18 行：遍历列表 list_items，把列表中的元素添加到 Listbox 列表框中。

第 19 行：把字符串"first"添加到列表框中索引为 1 的位置。

第 20 行：把字符串"second"添加到列表框中索引为 2 的位置。

第 21 行：删除列表框中索引为 4 的内容。

第 22、23 行：参考示例 13-1 的代码解析。

【程序运行结果】

程序运行结果如图 13-9 所示。

图 13-9 示例 13-5 的程序运行结果

在列表框中选择一项时，如 second，单击 print selection 按钮后，选择的项目就会显示在窗口上方的标签中，如图 13-10 所示。

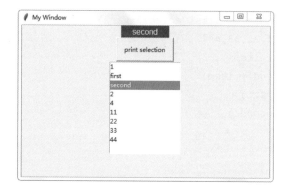

图 13-10　选择列表框中的选项并在标签中显示

13.2.6　Radiobutton 部件

Radiobutton 代表一个变量，它可以从多个值中选择一个。单击 Radiobutton 部件，将为这个变量设置值，并且清除与同一变量相关的其他 Radiobutton 部件。在将一个有很多内容选项组成的选项列表提供给用户选择时，用户一次只能选择其中一个选项，不能多选，此时可以使用 Radiobutton 部件。

【示例 13-6】

在文本模式下编写如下程序：

```
1.   import tkinter as tk
2.   window = tk.Tk()
3.   window.title('My Window')
4.   window.geometry('500x300')
5.   var = tk.StringVar()
6.   var.set(0)
7.   l = tk.Label(window, bg='yellow', width=20, text='empty')
8.   l.pack()
9.   def print_selection():
10.      l.config(text='you have selected ' + var.get())
11.  r1 = tk.Radiobutton(window, text='Option A', variable=var, value='A',
         command=print_selection)
12.  r1.pack()
13.  r2 = tk.Radiobutton(window, text='Option B', variable=var, value='B',
         command=print_selection)
14.  r2.pack()
15.  r3 = tk.Radiobutton(window, text='Option C', variable=var, value='C',
         command=print_selection)
```

```
16.  r3.pack()
17.  window.mainloop()
```

【代码解析】

第 1～8 行: 参考示例 13-1 的代码解析。

第 9、10 行: 定义函数 print_selection，用于处理 Radiobutton 选择内容的变化事件。

第 11～16 行: 设定并放置 3 个 Radiobutton 单选按钮。

第 17 行: 参考示例 13-1 的代码解析。

【程序运行结果】

程序运行结果如图 13-11 所示，在窗口正上方的标签中显示 empty，表示此时用户没有选择任何选项。

当用户单击选择 Option A 选项时，窗口正上方的标签中显示 you have selected A，表示选择了 A 选项，B、C 选项类似，如图 13-12 所示。

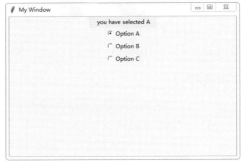

图 13-11　示例 13-6 的程序运行结果（1）　　图 13-12　示例 13-6 的程序运行结果（2）

13.2.7　Checkbutton 部件

Checkbutton 代表一个变量，它有两个不同的值。单击 Checkbutton 部件，会在两个值间切换: 选择和取消选择。在一个有很多内容选项组成的选项列表提供给用户选择时，会用到 Checkbutton 部件，用户一次可以选择多个选项。

【示例 13-7】

在文本模式下编写如下程序:

```
1.  import tkinter as tk
2.  window = tk.Tk()
3.  window.title('My Window')
4.  window.geometry('500x300')
5.  l = tk.Label(window, bg='yellow', width=20, text='empty')
6.  l.pack()
```

```
7.  def print_selection():
8.      if (var1.get() == 1) & (var2.get() == 0):
9.          l.config(text='I love only Python ')
10.     elif (var1.get() == 0) & (var2.get() == 1):
11.         l.config(text='I love only C++')
12.     elif (var1.get() == 0) & (var2.get() == 0):
13.         l.config(text='I do not love either')
14.     else:
15.         l.config(text='I love both')
16. var1 = tk.IntVar()
17. var2 = tk.IntVar()
18. c1 = tk.Checkbutton(window, text='Python',variable=var1, onvalue=1,
        offvalue=0, command=print_selection)
19. c1.pack()
20. c2 = tk.Checkbutton(window, text='C++',variable=var2, onvalue=1, offvalue=0,
        command=print_selection)
21. c2.pack()
22. window.mainloop()
```

【代码解析】

第 1 ～ 6 行：参考示例 13-1 的代码解析。

第 7 ～ 17 行：定义函数 print_selection，用于处理 Checkbutton 选择内容的变化事件。

第 18 ～ 21 行：设定并放置 2 个 Checkbutton 复选框。

第 22 行：参考示例 13-1 的代码解析。

【程序运行结果】

程序运行结果如图 13-13 所示，窗口中有 1 个标签和 2 个复选框，没有进行选择时，标签中显示 empty。

当选择其中一项时，如图 13-14 所示，只选择了 Python 选项，标签中显示 I love only Python。

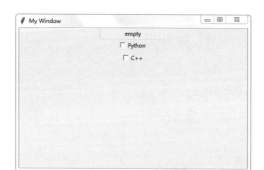
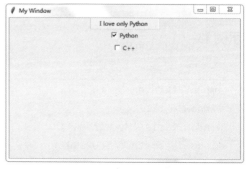

图 13-13　示例 13-7 的程序运行结果（1）　　　图 13-14　示例 13-7 的程序运行结果（2）

选择两项时，如图 13-15 所示，标签中显示 I love both。

取消选择时，如图 13-16 所示，标签中显示 I do not love either。

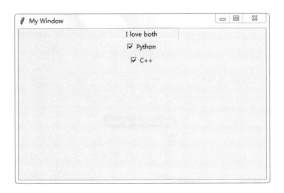 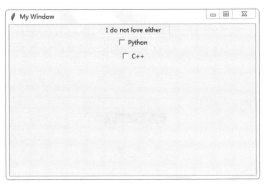

图 13-15　示例 13-7 的程序运行结果（3）　　　　图 13-16　示例 13-7 的程序运行结果（4）

13.2.8　Scale 部件

Scale 部件允许通过滑块来设置数字值。Scale 部件可以用于给出评价等级、评价分数或者拉动滑块提供一个具体的数值等。

【示例 13-8】

在文本模式下编写如下程序：

```
1.   import tkinter as tk
2.   window = tk.Tk()
3.   window.title('My Window')
4.   window.geometry('500x300')
5.   l = tk.Label(window, bg='green', fg='white', width=20, text='empty')
6.   l.pack()
7.   def print_selection(v):
8.       l.config(text='you have selected ' + v)
9.   s = tk.Scale(window, label='try me', from_=0, to=10, orient=tk.HORIZONTAL,
         length=200, showvalue=0,tickinterval=2, resolution=0.01, command=print_
         selection)
10.  s.pack()
11.  window.mainloop()
```

【代码解析】

第 1 ～ 6 行：参考示例 13-1 的代码解析。

第 7、8 行：定义函数 print_selection，用于处理 Scale 的滑动相关事件。

第 9、10 行：设定并放置一个进度条，长度为 200 字符，从 0 开始，到 10 结束，以 2 为刻度，精度为 0.01，触发时调用 print_selection 函数。

第 11 行：参考示例 13-1 的代码解析。

【**程序运行结果**】

程序运行结果如图 13-17 所示，窗口中有 1 个标签和 1 个进度条，标签中默认显示为 empty。

当鼠标拖动滑块时，滑块会随着鼠标移动，并且标签中显示滑块所在的位置，如图 13-18 所示。

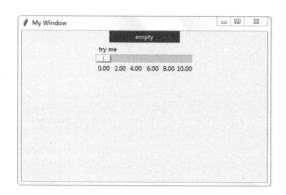 

图 13-17　示例 13-8 的程序运行结果（1）　　　图 13-18　示例 13-8 的程序运行结果（2）

13.2.9　Canvas 部件

Canvas（画布）部件提供绘图功能，可以包含图形（直线、椭圆、多边形、矩形）或位图，用来绘制图表和图形，创建图形编辑器，实现定制窗口部件。例如，设计用户交互界面时需要提供设计的图标、图形、logo 等信息，就要用到画布。

【**示例 13-9**】

在文本模式下编写如下程序：

```
1.   import tkinter as tk
2.   window = tk.Tk()
3.   window.title('My Window')
4.   window.geometry('500x300')
5.   canvas = tk.Canvas(window, bg='green', height=200, width=500)
6.   image_file = tk.PhotoImage(file='yaya.gif')
7.   image = canvas.create_image(250, 0, anchor='n',image=image_file)
8.   x0, y0, x1, y1 = 100, 100, 150, 150
9.   line = canvas.create_line(x0-50, y0-50, x1-50, y1-50)
10.  oval = canvas.create_oval(x0+120, y0+50, x1+120, y1+50, fill='yellow')
11.  arc = canvas.create_arc(x0, y0+50, x1, y1+50, start=0, extent=180)
12.  rect = canvas.create_rectangle(330, 30, 330+20, 30+20)
```

```
13.  canvas.pack()
14.  def moveit():
15.      canvas.move(rect, 2, 2)
16.  b = tk.Button(window, text='move item',command=moveit).pack()
17.  window.mainloop()
```

【代码解析】

第 1～4 行：参考示例 13-1 的代码解析。

第 5 行：在图形界面上创建 500×200 的画布并放置各种部件元素。

第 6 行：说明图片位置（相对路径表示与 .py 文件在同一文件夹下，也可以使用绝对路径），并导入图片到画布上。

第 7 行：图片锚定点（n 表示在图片顶端的中间位置）放在画布的（250,0）坐标处。

第 8 行：定义多边形的参数，然后在画布上画出指定图形。

第 9 行：画直线。

第 10 行：画圆，用黄色填充。

第 11 行：画扇形，从 0°打开，到 180°结束。

第 12 行：画正方形。

第 14 行：定义触发函数，用来移动指定图形。

第 15 行：移动正方形 rect（也可以改成其他图形名字，以移动图形或元素），按每次（x=2, y=2）的步长移动。

第 16 行：定义一个按钮，用来移动指定图形的位置。

第 17 行：参考示例 13-1 的代码解析。

【程序运行结果】

程序运行结果如图 13-19 所示，图片已经呈现在窗口中，绘制的直线、圆形、扇形、正方形也都呈现在窗口中。

单击 move item 按钮时，正方形会往右下方移动。如图 13-20 所示，就是单击 10 次 "move item" 按钮后的效果，正方形已经被移动到窗口的右下方。

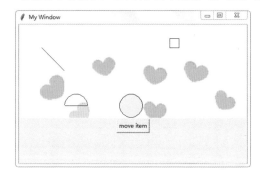
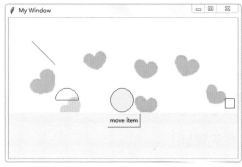

图 13-19　示例 13-9 的程序运行结果（1）　　图 13-20　示例 13-9 的程序运行结果（2）

13.2.10 Menu 部件

Menu（菜单）用来实现下拉菜单和弹出式菜单，单击菜单后会弹出一个选项列表，可以从中选择选项。在一些软件或网页交互界面等场景中，需要提供菜单选项供用户选择。

【示例 13-10】

在文本模式下编写如下程序：

```
1.   import tkinter as tk
2.   window = tk.Tk()
3.   window.title('My Window')
4.   window.geometry('500x300')
5.   l = tk.Label(window, text='        ', bg='green')
6.   l.pack()
7.   counter = 0
8.   def do_job():
9.       global counter
10.      l.config(text='do '+ str(counter))
11.      counter += 1
12.  menubar = tk.Menu(window)
13.  filemenu = tk.Menu(menubar, tearoff=0)
14.  menubar.add_cascade(label='File', menu=filemenu)
15.  filemenu.add_command(label='New', command=do_job)
16.  filemenu.add_command(label='Open', command=do_job)
17.  filemenu.add_command(label='Save', command=do_job)
18.  filemenu.add_separator()
19.  filemenu.add_command(label='Exit', command=window.quit)
20.  editmenu = tk.Menu(menubar, tearoff=0)
21.  menubar.add_cascade(label='Edit', menu=editmenu)
22.  editmenu.add_command(label='Cut', command=do_job)
23.  editmenu.add_command(label='Copy', command=do_job)
24.  editmenu.add_command(label='Paste', command=do_job)
25.  submenu = tk.Menu(filemenu)
26.  filemenu.add_cascade(label='Import', menu=submenu, underline=0)
27.  submenu.add_command(label='Submenu_1', command=do_job)
28.  window.config(menu=menubar)
29.  window.mainloop()
```

【代码解析】

第 1 ～ 6 行：参考示例 13-1 的代码解析。

第 7 行：定义一个全局变量 counter，并赋初值 0。

第 8 ～ 11 行：定义一个函数 do_job，用来代表菜单的选项功能，即每调用一次该函数，变量 counter 的值增加 1。

第 12 行：创建一个菜单栏，可以把它理解成一个容器，放在窗口的上方。

第 13 行：创建一个 File 菜单项 (默认不下拉，下拉内容包括 New、Open、Save、Exit 功能选项)。

第 14 行：将上面定义的空菜单命名为 File，放在菜单栏中，即装入容器中。

第 15 ～ 17 行：在 File 菜单中加入 New、Open、Save 选项，即平时看到的下拉菜单，每个选项对应一个操作命令。

第 18 行：添加一条分隔线。

第 19 行：调用 tkinter 模块中自带的 quit 函数。

第 20 行：创建一个 Edit 菜单项 (默认不下拉，下拉内容包括 Cut、Copy、Paste 功能选项)。

第 21 行：将上面定义的空菜单命名为 Edit，放在菜单栏中，即装入容器中。

第 22 ～ 24 行：同样地，在 Edit 菜单中加入 Cut、Copy、Paste 选项，单击这些选项，就会触发 do_job 函数的功能。

第 25 行：创建第二级菜单，即菜单项中的菜单。与上面定义菜单一样，此处是在 File 菜单项上创建一个空的菜单。

第 26 行：将创建的菜单 submenu 命名为 Import。

第 27 行：创建第三级菜单，即菜单项中的菜单命令。这里和菜单的创建方法一样，在 Import 菜单项中加入一个选项 Submenu_1。

第 28 行：创建菜单栏后，让菜单栏 menubar 显示出来。

第 29 行：参考示例 13-1 的代码解析。

【程序运行结果】

程序运行结果如图 13-21 所示，除了正上方的标签外，左上方还有一个菜单栏。

单击 File 菜单，清晰可见 4 个菜单选项、分隔线和 1 个子菜单，如图 13-22 所示。

图 13-21　示例 13-10 的程序运行结果 (1)

图 13-22　示例 13-10 的程序运行结果 (2)

单击 Edit 菜单，清晰可见 3 个菜单选项，如图 13-23 所示。

第一次单击菜单选项时，标签的显示内容为 do 0，如图 13-24 所示。

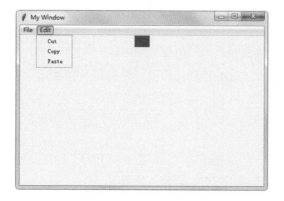 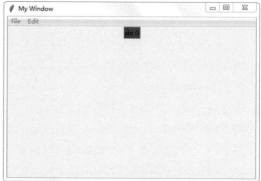

图 13-23　示例 13-10 的程序运行结果（3）　　图 13-24　示例 13-10 的程序运行结果（4）

再次单击菜单选项时，标签的显示内容为 do 1，如图 13-25 所示。每单击一次菜单选项，标签中的数字就会增加 1。

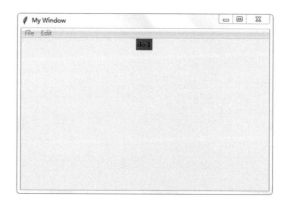

图 13-25　示例 13-10 的程序运行结果（5）

13.2.11　Frame 部件

Frame（框架）部件用来放置其他 GUI 元素，是一个容器，是一个在 window 窗口上分离小区域的部件，它能将窗口分成不同的区域，然后存放不同的部件。同时，一个 Frame 部件也能再分成两个 Frame 部件。如软件或网页交互界面等，有不同的界面逻辑层级和功能区域划分时可以使用 Frame 部件，让交互界面逻辑更加清晰。

【示例 13-11】

在文本模式下编写如下程序：

```
1.   import tkinter as tk
2.   window = tk.Tk()
3.   window.title('My Window')
4.   window.geometry('500x300')
5.   tk.Label(window, text='on the window', bg='red', font=('Arial', 16)).pack()
6.   frame = tk.Frame(window)
7.   frame.pack()
8.   frame_l = tk.Frame(frame)
9.   frame_r = tk.Frame(frame)
10.  frame_l.pack(side='left')
11.  frame_r.pack(side='right')
12.  tk.Label(frame_l, text='on the frame_l1', bg='green').pack()
13.  tk.Label(frame_l, text='on the frame_l2', bg='green').pack()
14.  tk.Label(frame_l, text='on the frame_l3', bg='green').pack()
15.  tk.Label(frame_r, text='on the frame_r1', bg='yellow').pack()
16.  tk.Label(frame_r, text='on the frame_r2', bg='yellow').pack()
17.  tk.Label(frame_r, text='on the frame_r3', bg='yellow').pack()
18.  window.mainloop()
```

【代码解析】

第 1～4 行：参考示例 13-1 的代码解析。

第 5 行：在图形界面上创建一个标签，用来显示内容。

第 6、7 行：创建一个主框架 frame，显示在主窗口 window 上。

第 8～11 行：创建第二层框架 frame，放在主框架 frame 上面。

第 12～17 行：创建 3 组标签，为第二层框架 frame 上面的内容，分为左区域和右区域，用不同的颜色标识。

【程序运行结果】

程序运行结果如图 13-26 所示，窗口被划分为左、右两个区域。

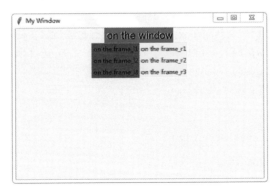

图 13-26　示例 13-11 的程序运行结果

13.2.12　messageBox 部件

messageBox（消息框）部件用于显示应用程序的消息（Python 2 中为 tkMessagebox）。messageBox 就是在网页中常看到的弹窗。首先需要定义一个触发功能来触发这个弹窗，这里使用之前学过的 Button 部件，通过触发功能调用 messageBox，单击 Button 按钮就会弹出提示对话框。表 13-2 给出了 messageBox 部件的提示信息的几种形式。

表 13-2　messageBox 部件的提示信息

选　项	提示信息
showinfo	提示信息对话框
showwarning	提示警告对话框
showerror	提示错误对话框
askquestion	询问选择对话框，返回值为 yes 和 no
askokcancel	询问选择对话框，返回值为 True 和 False

【示例 13-12】

在文本模式下编写如下程序：

```
1.   import tkinter as tk
2.   import tkinter.messagebox
3.   window = tk.Tk()
4.   window.title('My Window')
5.   window.geometry('500x300')
6.   def hit_me():
7.       tkinter.messagebox.showinfo(title='Hi', message=' 你好！ ')
8.       # tkinter.messagebox.showwarning(title='Hi', message=' 有警告！ ')
9.       # tkinter.messagebox.showerror(title='Hi', message=' 出错了！ ')
10.      # print(tkinter.messagebox.askquestion(title='Hi', message=' 你好！ '))
11.      # print(tkinter.messagebox.askyesno(title='Hi', message=' 你好！ '))
12.      # print(tkinter.messagebox.askokcancel(title='Hi', message=' 你好！ '))
13.  tk.Button(window, text='hit me', bg='green', font=('Arial', 14), command=hit_
         me).pack()
14.  window.mainloop()
```

【代码解析】

第 1 ～ 5 行：参考示例 13-1 的代码解析。

第 6 行：定义触发函数的功能。

第 7 行：提示信息对话框。

第 8 ～ 12 行：已经注释掉的其他提示信息对话框，想要尝试的读者可以解除注释。

第 13 行：在图形界面中创建一个 Button 按钮，当按钮被单击时触发提示信息对话框。

第 14 行：参考示例 13-1 的代码解析。

【程序运行结果】

程序运行结果如图 13-27 所示。

单击 hit me 按钮后，弹出提示信息对话框，如图 13-28 所示，单击该对话框中的"确定"按钮，关闭对话框。

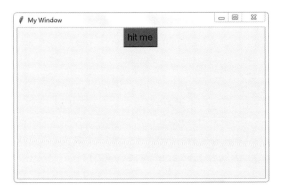
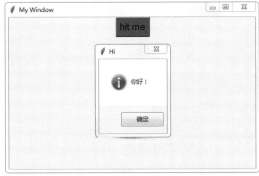

图 13-27　示例 13-12 的程序运行结果（1）　　　图 13-28　示例 13-12 的程序运行结果（2）

案例 13-1：图形化的猜数字游戏

【案例说明】

第 10 章中设计了一个猜数字赢积分的游戏，非常好玩。在学习了 GUI 编程以后，现在可以做一个有界面的猜数字游戏。猜数字游戏界面如图 13-29 所示。

图 13-29　猜数字游戏界面

【案例编程】

由图 13-29 可见，游戏界面需要 1 个单行文本框和 3 个按钮。单击"开启新局"按钮时，生成一个新的随机数；用户输入答案后，单击"确认答案"按钮，程序就会比对随机数与用户输入的数据，给出提示信息；单击"公布答案"按钮时，随机数就会显示在窗口上。程序如下所示：

```
1.  import random
2.  import tkinter
```

231

```
3.    number=random.randint(100,999)
4.    num=0
5.    maxnum=999
6.    minnum=100
7.    running=True
8.    def go():
9.        right=tkinter.Label(win,text='',bg='lightblue')
10.       right.pack_forget()
11.       global num
12.       global maxnum
13.       global minnum
14.       global running
15.       guess=content.get()
16.       num +=1
17.       text=' 第 %d 次尝试 '%(num)
18.       tkinter.Label(win,text=text,bg='lightblue').place(x=10,y=60)
19.       try:
20.           if int(guess)==number:
21.               tkinter.Label(win,text=' 你 猜 对 了 ' ,width=20,bg='lightblue').
                  place(x=10,y=80)
22.           elif int(guess)>number:
23.               tkinter.Label(win,text=' 你 猜 的 太 大 了 ',width=20,bg='lightblue').
                  place(x=10,y=80)
24.           elif int(guess)<number:
25.               tkinter.Label(win,text=' 你 猜 的 太 小 了 ',width=20,bg='lightblue').
                  place(x=10,y=80)
26.       except:
27.           tkinter.Label(win,text=' 请输入正确的整数哟 ~',width=20,bg='lightblue').
              place(x=10,y=80)
28.           print(' 请输入正确的整数哟 ~')
29.  def reset():
30.       global number
31.       global num
32.       number=random.randint(100,999)
33.       num=0
34.       tkinter.Label(win,text='                    ',bg='lightblue').place(x=10,y=60)
35.       tkinter.Label(win,text='                    ',width=18,bg='lightblue').
          place(x=10,y=80)
36.       tkinter.Label(win,text='                    ',width=18, bg='lightblue').
          place(x=130,y=0)
```

```
37.  def answer():
38.      global number
39.      tkinter.Label(win,text=' 正确答案是 :%d'%(number),width=18,bg='lightblue').
         place(x=130,y=0)
40.  win=tkinter.Tk(className=' 猜数字游戏 ')
41.  win.geometry('400x100')
42.  win['background']='lightblue'
43.  tkinter.Label(win,text=' 请 输 入 100 到 999 的 整 数:',bg='lightblue').
     place(x=0,y=30)
44.  content=tkinter.Entry(win,width=30,bg='white',fg='red')
45.  content.place(x=150,y=30)
46.  button=tkinter.Button(win,text=' 确认答案 ',command=go)
47.  button.place(x=230,y=55)
48.  replay=tkinter.Button(win,text=' 开启新局 ',command=reset)
49.  replay.place(x=150,y=55)
50.  answer=tkinter.Button(win,text=' 公布答案 ',command=answer)
51.  answer.place(x=310,y=55)
```

【代码解析】

第 1、2 行: 导入需要的模块。

第 4 ~ 7 行: 定义需要用到的变量。

第 8 ~ 28 行: 定义"确认答案"按钮的回调函数。

第 29 ~ 36 行: 定义"开启新局"按钮的回调函数。

第 37 ~ 39 行: 定义"公布答案"按钮的回调函数。

第 40 ~ 42 行: 设置窗口名称、窗口大小、背景颜色。

第 43 行: 定义 1 个标签。

第 44、45 行: 定义 1 个单行文本框。

第 46 ~ 51 行: 设置 3 个按钮并放置在窗口中。

【程序运行结果】

程序运行结果如图 13-30 所示，已经呈现一个长方形的游戏初始界面。

输入 200，单击"确认答案"按钮，如图 13-31 所示，左下角位置显示"你猜的太小了"。

图 13-30　游戏初始界面

图 13-31　游戏运行界面（1）

经过 7 次尝试，第 8 次输入 970，单击"确认答案"按钮，如图 13-32 所示，左下角位置显示"你猜对了"。

单击"公布答案"按钮，如图 13-33 所示，窗口正上方显示"正确答案是：970"。

图 13-32　游戏运行界面（2）　　　　图 13-33　游戏运行界面（3）

13.3　窗口部件的放置方式

在使用 tkinter 模块进行编程时，放置部件的方式有 3 种：pack、grid 和 place。如果部件比较多，要求整齐排列，应该优先选择 grid 方式。

13.3.1　pack 方式

pack 方式在前面的示例中已经用过，它会按照上、下、左、右的方式进行排列。下面举例说明如何使用 pack 方式。

【示例 13-13】

在文本模式下编写如下程序：

```
1.    import tkinter as tk
2.    window = tk.Tk()
3.    window.title('My Window')
4.    window.geometry('500x300')
5.    tk.Label(window, text='Pack', fg='red').pack(side='top')
6.    tk.Label(window, text='Pack', fg='red').pack(side='bottom')
7.    tk.Label(window, text='Pack', fg='red').pack(side='left')
8.    tk.Label(window, text='Pack', fg='red').pack(side='right')
9.    window.mainloop()
```

【代码解析】

第 1 ～ 4 行：参考示例 13-1 的代码解析。

第 5 ～ 8 行：使用 pack 方式，分别把 4 个 Pack 标签放置在上、下、左、右的位置。

第 9 行：参考示例 13-1 的代码解析。

【程序运行结果】

程序运行结果如图 13-34 所示，4 个 Pack 标签已经分别放置在上、下、左、右的位置。

图 13-34　示例 13-13 的程序运行结果

13.3.2　grid 方式

grid 意为方格，所有的内容会被放在这些规律的方格中。例如，下面的代码就是创建一个 3 行 3 列的表格，其实 grid 就是用表格进行定位的。这里的参数 row 为行；column 为列；padx 为单元格的左右间距；pady 为单元格的上下间距；ipadx 为单元格内部元素与单元格的左右间距；ipady 为单元格内部元素与单元格的上下间距。

```
for i in range(3):
    for j in range(3):
        tk.Label(window, text=1).grid(row=i, column=j, padx=10, pady=10, ipadx=10, ipady=10)
```

【示例 13–14】

在文本模式下编写如下程序：

```
1.   import tkinter as tk
2.   window = tk.Tk()
3.   window.title('My Window')
4.   window.geometry('500x300')
5.   for i in range(3):
6.       for j in range(3):
7.           tk.Label(window, text=1).grid(row=i, column=j, padx=10, pady=10,
                 ipadx=10, ipady=10)
8.   window.mainloop()
```

【代码解析】

第 1 ～ 4 行：参考示例 13–1 的代码解析。

第 5 ～ 7 行：使用 grid 放置方式。

第 5 行：使用 for 语句循环 3 次。

第 6 行：循环嵌套，再次使用 for 语句循环 3 次。

第 7 行：在循环中放置 Label 标签。

第 8 行：参考示例 13-1 的代码解析。

【程序运行结果】

程序运行结果如图 13-35 所示，按 3×3 布局的 9 个标签已经呈现在窗口中。

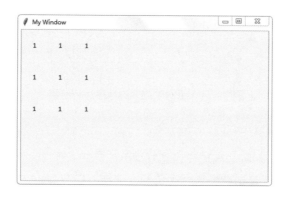

图 13-35　示例 13-14 的程序运行结果

13.3.3　place 方式

place 方式比较容易理解，就是给出精确的坐标定位，如示例 13-15 的第 5 行代码中的标签就是放在坐标 x=50，y=100 的位置上，参数 anchor='nw' 表示锚定点是西北角。

【示例 13-15】

在文本模式下编写如下程序：

```
1.    import tkinter as tk
2.    window = tk.Tk()
3.    window.title('My Window')
4.    window.geometry('500x300')
5.    tk.Label(window, text='Place', font=('Arial', 20), ).place(x=50, y=100,
anchor='nw')
6.    window.mainloop()
```

【代码解析】

第 1 ～ 4 行：参考示例 13-1 的代码解析。

第 5 行：使用 place 方式将 place 标签精准地放置到坐标（50,100）的位置。

第 6 行：参考示例 13-1 的代码解析。

【程序运行结果】

程序运行结果如图 13-36 所示，Place 标签被放置在坐标（50,100）的位置。

图 13-36　示例 13-15 的程序运行结果

总结与练习

【本章小结】

本章主要学习了 tkinter 模块，通过 tkinter 模块的使用，可以非常方便地实现图形化界面。常用的部件包括 Label 部件、Button 部件、Entry 部件。如果想要做出更加高级的功能，则一定要熟练掌握菜单栏相关部件的实现方法。

【巩固练习】

使用 tkinter 模块编程，完成一个简易计算器的开发。要求界面上有 2 个单行文本框，供用户输入 2 个整数参与计算，4 个按钮分别命名为加、减、乘、除，1 个多行文本框。输入 2 个整数以后，单击任意一个按钮，多行文本框中就显示相关运算的结果。

● 目标要求

通过该练习，熟练掌握 tkinter 模块中相关部件的使用方法，特别是常用的单行文本框、多行文本框、按钮等。

● 编程提示

（1）可以使用 pack 方式布局各个部件。

（2）界面从上到下依次为 2 个单行文本框、4 个按钮、1 个多行文本框。

（3）单击加、减、乘、除中的任意一个按钮时，获取单行文本框中的数据并转换为整数类型，进行相应运算后，将结果显示在多行文本框中。

第 14 章

数据处理：
Matplotlib 数据可视化

📖 **本章导读**

　　如今社会已经进入数据时代，合理、科学的数据分析会体现出数据的价值和意义。本章主要讲解如何使用 Python 语言中的 Matplotlib 绘图库进行数据的可视化分析，这是数据分析中重要的一步。

扫一扫，看视频

14.1 Matplotlib 绘图库

Matplotlib 是 Python 中最著名的绘图库，类似 MATLAB 的绘图工具。它提供了一整套和 MATLAB 相似的命令 API，十分适合交互式制图，也可以将它作为绘图控件嵌入 GUI 应用程序中。

14.1.1 pyplot 模块简介

Matplotlib 库中的 pyplot 模块由一组命令式函数组成，因而 Matplotlib 的使用方法和 MATLAB 极为相似，通过 pyplot 模块中的函数操作或改动 Figure 对象，如创建 Figure 对象和绘图区域，表示一条线，或为图形添加标签等。pyplot 模块中的函数具有状态特征，它能够跟踪当前图形和绘图区域的状态，调用函数时，函数值对当前图形起作用。

14.1.2 绘制简单图形

使用 Matplotlib 库生成图形很简单，只需准备横轴和纵轴两组数据，然后调用 Matplotlib 库中的 pyplot 模块即可。

【示例 14-1】

使用 Matplotlib 库绘制一条线，把（1，1）、（2，2）、（3，4）、（4，8）这 4 个点连接起来。程序如下所示：

```
1.   import matplotlib.pyplot as plt
2.   x = [1,2,3,4]
3.   y = [1,2,4,8]
4.   plt.plot(x,y)
5.   plt.show()
```

【代码解析】

第 1 行：使用 import 关键字导入 pyplot 模块，将其命名为 plt，方便在程序中调用。

第 2、3 行：准备两组数据，x 列表为横轴数据，y 列表为纵轴数据。

第 4 行：把要绘制图形的数据传给 plot 函数。

第 5 行：调用 show 函数显示图表。

【程序运行结果】

程序运行结果如图 14-1 所示，生成了一个二维对象，该对象为一条线，它表示图表中各数据点的线性延伸趋势。

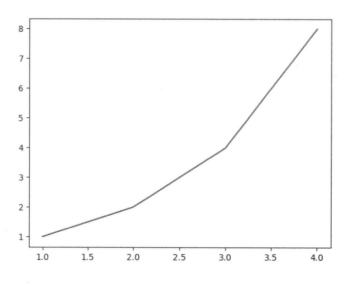

图 14-1　示例 14-1 的程序运行结果

如果只是将一个数字列表或者数组传递给 plot 函数，Matplotlib 库会假定所传入的是图表的 y 值，于是将其与一个序列的 x 值对应起来，x 的取值依次为 0、1、2、3、……

小提示

通常图形表示的是一对一对的坐标 (x,y)。如果想要正确地定义图表，则必须定义两个数组，第一个数组为 x 轴的值；第二个数组为 y 轴的值。plot 函数还可以接收第三个参数，用来描述数据点在图表中的显示方式。

14.1.3　Figure 对象

如果在一张大图中想要绘图多个子图，这时就需要一个 Figure 对象，可以把 Figure 对象理解为一张画板，画板是画布的载体，有了画板才能绘制子图。

【 示例 14-2 】

使用 Matplotlib 库在一幅图中绘制两个子图，程序代码如下所示：

```
1.   import matplotlib.pyplot as plt
2.   x1 = [1, 2, 3, 4, 5]
3.   y1 = [1, 2, 4, 8, 16]
4.   x2 = [1, 2, 3, 4, 5]
5.   y2 = [1, 3, 9, 27, 81]
6.   fig = plt.figure()
```

```
7.   fig.add_subplot(121)
8.   plt.plot(x1, y1)
9.   fig.add_subplot(122)
10.  plt.plot(x2, y2)
11.  plt.show()
```

【代码解析】

第 1 行：使用 import 关键字导入 pyplot 模块。

第 2～5 行：准备 4 个列表的数据，x1 列表和 x2 列表为横轴数据，y1 列表和 y2 列表为纵轴数据。

第 6 行：定义一个 Figure 对象 fig，即画板。

第 7、8 行：在画板 fig 中添加一个子图，并传入列表 x1 和 y1 作为子图的数据。

第 9、10 行：在画板 fig 中添加另外一个子图，并传入列表 x2 和 y2 作为子图的数据。

第 10 行：显示图形。

【程序运行结果】

程序运行结果如图 14-2 所示，在画板中同时出现左、右两个子图。

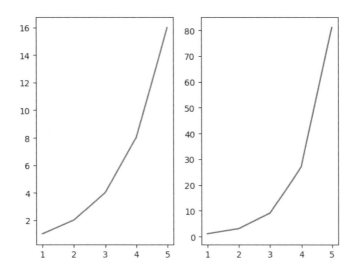

图 14-2　示例 14-2 的程序运行结果

为什么是左、右两个子图，而不是上、下两个子图呢？关于这个问题，在此需要特别说明一下 add_subplot 函数的参数。add_subplot 函数的参数是一个三位数，如 121 和 122，121 表示 1 行 2 列中的第 1 个子图，122 表示 1 行 2 列中的第 2 个子图。按照横行竖列，可以确定有 1 行 2 列共两个子图。如果有多行多列，则需遵循从左到右、从上到下的顺序确定是第几个子图。

在一张画板中怎样绘制 4 个子图呢？ 4 个子图的排列方式可以选择 2×2，即 2 行 2 列的形式，也可以选择 1 行 4 列或 1 列 4 行的形式。

【示例 14-3 】

使用 Matplotlib 库在一个图形中绘制 2×2（2 行 2 列）布局的 4 个子图。程序如下所示：

```python
1.   import matplotlib.pyplot as plt
2.   x1 = [1, 2, 3, 4, 5]
3.   y1 = [1, 2, 3, 4, 5]
4.   x2 = [1, 2, 3, 4, 5]
5.   y2 = [1, 2, 3, 2, 1]
6.   x3 = [1, 2, 3, 4, 5]
7.   y3 = [1, 3, 2, 5, 3]
8.   x4 = [1, 2, 3, 4, 5]
9.   y4 = [1, 3, 9, 5, 3]
10.  fig = plt.figure()
11.  fig.add_subplot(221)
12.  plt.plot(x1, y1)
13.  fig.add_subplot(222)
14.  plt.plot(x2, y2)
15.  fig.add_subplot(223)
16.  plt.plot(x3, y3)
17.  fig.add_subplot(224)
18.  plt.plot(x4, y4)
19.  plt.show()
```

【代码解析】

第 1 行：使用 import 关键字导入 pyplot 模块。

第 2～9 行：准备 8 个列表的数据。

第 10 行：定义一个 Figure 对象 fig，即画板。

第 11、12 行：在画板 fig 中添加一个子图，221 即 2×2 布局中的第 1 个子图。

第 13、14 行：在画板 fig 中添加另外一个子图，222 即 2×2 布局中的第 2 个子图。

第 15～18 行：同上。

第 19 行：显示图形。

【程序运行结果】

程序运行结果如图 14-3 所示，在画板中出现了 4 个子图。

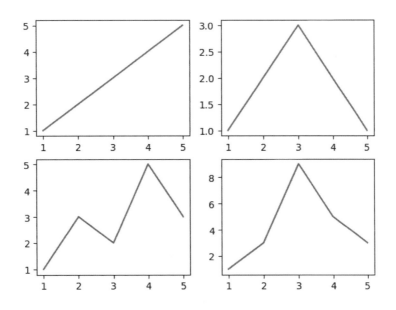

图 14-3　示例 14-3 的程序运行结果

　　使用 add_subplot 函数添加子图时，如果子图数量大于 9，则可以使用"，"把行、列、第几个子图的数字分隔开，如 add_subplot(2,2,1)，之后该参数就不受位数的限制了。

14.1.4　Axes 对象

　　拥有 Figure 对象之后，在作画前还需要坐标轴，没有坐标轴就没有绘图基准，所以需要添加 Axes 对象，也可以把 Axes 对象理解为真正可以作画的画布。

【示例 14-4】

使用 add_subplot 函数生成一张画布，程序如下所示：

```
1.   import matplotlib.pyplot as plt
2.   fig = plt.figure()
3.   axes = fig.add_subplot(111)
4.   axes.set(xlim=[0.5, 4.5], ylim=[-2, 8], title='An Example Axes',
              ylabel='Y-Axis',xlabel='X-Axis')
5.   plt.show()
```

【代码解析】

该程序在一个图上添加了一张画布，然后设置了这张画布的 X 轴与 Y 轴的取值范围。

第 1 行：使用 import 关键字导入 pyplot 模块。

第 2 行：定义一个 Figure 对象 fig，即画板。

第 3 行：在画板 fig 中添加一个子图，参数 111 表示只有一个子图。

第 4 行：设置画布的 X 轴与 Y 轴的取值范围，以及横纵坐标的显示内容和 title。

第 5 行：显示图形。

【程序运行结果】

程序运行结果如图 14-4 所示，只有一个子图。

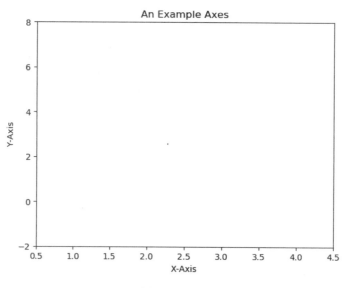

图 14-4　示例 14-4 的程序运行结果

14.1.5　一次性生成多个子图

在示例 14-4 中，通过 add_subplot 函数生成了一张画布。如果有多个子图，则操作起来会比较烦琐。subplots 函数提供了一次性生成多张画布，即多个子图的功能。

【示例 14-5】

使用 subplots 函数可以一次性生成多张画布，程序如下所示：

```
1.  import matplotlib.pyplot as plt
2.  fig, axes = plt.subplots(nrows=2, ncols=2)
3.  axes[0,0].set(title='Upper Left')
4.  axes[0,1].set(title='Upper Right')
5.  axes[1,0].set(title='Lower Left')
6.  axes[1,1].set(title='Lower Right')
7.  plt.show()
```

【代码解析】

第 1 行：使用 import 关键字导入 pyplot 模块。

第 2 行：定义一个 Figure 对象 fig，定义了 2×2 布局的 4 张画布。

第 3 ~ 6 行：分别给 4 张画布设置标题。

第 7 行：显示图形。

【程序运行结果】

程序运行结果如图 14-5 所示，共有 4 个子图。

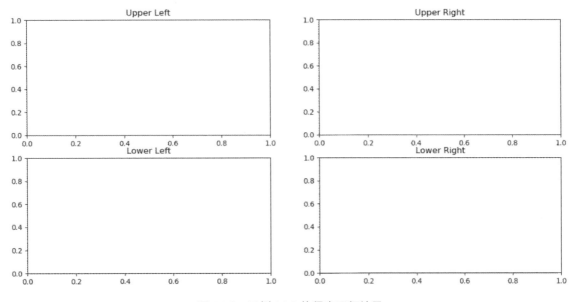

图 14-5　示例 14-5 的程序运行结果

> **小提示**
>
> fig 对象还是熟悉的画板，axes 对象变成了使用二维数组的形式访问，在循环绘图时非常方便并且实用。

14.2 绘制二维图形

Matplotlib 库可以绘制的二维图形主要包括折线图、散点图、条形图、堆叠条形图、饼图、泡泡图、等高图等。下面逐一介绍这些图形的作用和绘制方法。

14.2.1 折线图

折线图可以显示随时间变化的连续数据，适合显示在相等时间间隔下数据的变化趋势。在折线图中，类别数据沿水平轴均匀分布，所有的值数据沿垂直轴均匀分布。使用 plot 函数画出一系列的点，并且用线将它们连接起来，得到的就是折线图。

【示例 14-6】

使用 plot 函数绘制折线图，程序如下所示：

```
1.  import matplotlib.pyplot as plt
2.  import random
3.  x = [i for i in range(10)]
4.  y = [random.randint(0,10) for i in range(10)]
5.  plt.plot(x, y, color='red')
6.  plt.show()
```

【代码解析】

第 1 行：使用 import 关键字导入 pyplot 模块。

第 2 行：导入 random 模块。

第 3、4 行：使用列表生成式生成 x、y 两个数据列表。

第 5 行：使用 plot 函数绘制折线图，参数 color 为线条颜色，marker 为数据点的类型。

第 6 行：显示图形。

【程序运行结果】

程序运行结果如图 14-6 所示，红色圆点组成的折线图已经成功绘制出来。

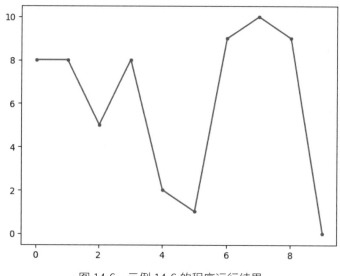

图 14-6　示例 14-6 的程序运行结果

14.2.2　散点图

散点图是用两组数据构成多个坐标点，考查坐标点的分布，可以判断两个变量之间是否存在某种关联或总结坐标点的分布模式。散点图将序列显示为一组点，值由点在图表中的位置表示，类别由图表中的不同标记表示。散点图通常用于比较跨类别的聚合数据。

【示例 14-7】

使用 scatter 函数绘制散点图，程序如下所示：

```
1.  import matplotlib.pyplot as plt
2.  import random
3.  x = [i for i in range(10)]
4.  y = [random.randint(0,10) for i in range(10)]
5.  plt.scatter(x, y, color='red', marker='+')
6.  plt.show()
```

【代码解析】

第 1 行：使用 import 关键字导入 pyplot 模块。

第 2 行：导入 random 模块。

第 3、4 行：使用列表生成式生成 x、y 两个数据列表。

第 5 行：使用 scatter 函数绘制散点图，参数 color 为线条颜色，marker 为数据点的类型。

第 6 行：显示图形。

【程序运行结果】

程序运行结果如图 14-7 所示，红色的"+"散点图已经被成功绘制出来。

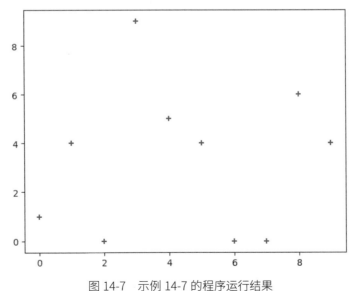

图 14-7　示例 14-7 的程序运行结果

14.2.3　条形图

条形图是用宽度相同的条形通过高度或长短来表示数据的多少。条形图分为两种，一种是水平的，另一种是垂直的。

【示例 14-8】

使用 bar 函数生成垂直条形图，使用 barh 函数生成水平条形图，程序如下所示：

```
1.   import matplotlib.pyplot as plt
2.   import random
3.   x = [i for i in range(5)]
4.   y = [random.randint(0,10) for i in range(5)]
5.   fig, axes = plt.subplots(ncols=2, figsize=plt.figaspect(1/2))
6.   vert_bars = axes[0].bar(x, y, color='lightblue', align='center')
7.   horiz_bars = axes[1].barh(x, y, color='lightblue', align='center')
8.   axes[0].axhline(0, color='gray', linewidth=2)
9.   axes[1].axvline(0, color='gray', linewidth=2)
10.  plt.show()
```

【代码解析】

第 1 行：使用 import 关键字导入 pyplot 模块。

第 2 行：使用 import 关键字导入 random 模块。

第 3、4 行：使用列表生成式生成 x、y 两个数据列表。

第 5 行：使用 subplots 函数生成两个子图。

第 6 行：使用 bar 函数生成垂直条形图。

第 7 行：使用 barh 函数生成水平条形图。

第 8、9 行：设置条形图的颜色和宽度。

第 10 行：显示图形。

【程序运行结果】

程序运行结果如图 14-8 所示，垂直方向和水平方向的两个条形图已经被成功绘制出来。

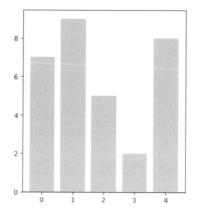
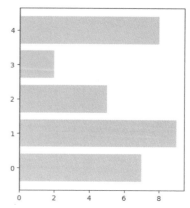

图 14-8　示例 14-8 的程序运行结果

14.2.4 堆叠条形图

为了反映数据细分和总体的情况,常常会用到堆叠条形图,这种图形既能看到整体的推移情况,又能看到某个分组单元的总体情况，还能看到组内各组成部分的细分情况，一举多得。

【示例 14-9】

多次调用 bar 函数即可生成堆叠条形图，程序如下所示:

```
1.   import matplotlib.pyplot as plt
2.   import matplotlib
3.   matplotlib.rcParams['font.sans-serif'] = ['SimHei']
4.   matplotlib.rcParams['axes.unicode_minus'] = False
5.   label_list = ['2017', '2018', '2019', '2020']
6.   num_list1 = [20, 30, 15, 35]
7.   num_list2 = [15, 30, 40, 20]
8.   x = [i for i in range(4)]
9.   rects1 = plt.bar(x, height=num_list1, width=0.45, alpha=0.8, color='red', label="一部门")
10.  rects2 = plt.bar(x, height=num_list2, width=0.45, color='green', label="二部门", bottom=num_list1)
11.  plt.ylim(0, 80)
12.  plt.ylabel("数量")
13.  plt.xticks(x, label_list)
14.  plt.xlabel("年份")
15.  plt.title("AA公司销售数据")
16.  plt.legend()
17.  plt.show()
```

【代码解析】

第 1 行: 使用 import 关键字导入 pyplot 模块。

第 2 行: 导入 matplotlib 库。

第 3、4 行: 设置字体模式。

第 5 行: 定义横坐标要显示的数据。

第 6 行: 定义一部门历年的销售数据。

第 7 行: 定义二部门历年的销售数据。

第 8 行: 使用列表生成式定义 x 列表。

第 9 行: 使用 bar 函数生成一部门的条形图。

第 10 行: 使用 bar 函数生成二部门的条形图，注意是在一部门的基础上。

第 11 行: 设置 y 坐标的范围。

第 12 行：设置 y 坐标的标签。

第 13 行：设置 x 坐标的显示。

第 14 行：设置 x 坐标的标签。

第 15 行：设置图形的标题。

第 16 行：设置图例的位置。

第 17 行：显示图形。

【**程序运行结果**】

程序运行结果如图 14-9 所示，AA 公司的销售数据和各个部门的销量被堆叠条形图清晰地展示出来了。

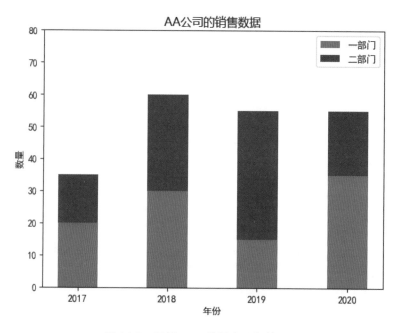

图 14-9　示例 14-9 的程序运行结果

14.2.5　饼图

饼图用于显示一个数据系列中各项数据的大小与占总体的比例。饼图中的数据点（在图表中绘制的单个值，这些值由条形、柱形、折线、饼图或圆环图的扇面、圆点和其他被称为数据标记的图形表示。相同颜色的数据标记组成一个数据系列）显示为整个饼图的百分比，饼图会自动根据数据的百分比进行绘制。

【**示例 14-10**】

使用 pie 函数生成饼形图，程序如下所示：

```
1.  import matplotlib.pyplot as plt
2.  labels = 'A', 'B', 'C', 'D'
3.  sizes = [15, 30, 45, 10]
4.  fig1, ax1 = plt.subplots(1)
5.  ax1.pie(sizes, labels=labels, autopct='%1.1f%%', shadow=True)
6.  plt.show()
```

【代码解析】

第 1 行：使用 import 关键字导入 pyplot 模块。

第 2 行：定义一个元组 labels。

第 3 行：定义一个列表。

第 4 行：创建一个子图。

第 5 行：调用 pie 函数绘制饼图。

第 6 行：显示图形。

【程序运行结果】

程序运行结果如图 14-10 所示，A、B、C、D 在总体中的占比一目了然。

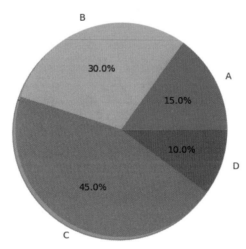

图 14-10　示例 14-10 的程序运行结果（1）

如果想要突出某项，可以把该项的扇形与其他部分分离，程序如下所示：

```
1.  import matplotlib.pyplot as plt
2.  labels = 'A', 'B', 'C', 'D'
3.  sizes = [15, 30, 45, 10]
4.  explode = (0, 0, 0.1, 0)
5.  fig1, ax1 = plt.subplots(1)
6.  ax1.pie(sizes, autopct='%1.2f%%', shadow=True, startangle=90, explode=explode)
```

```
7.    ax1.legend(labels=labels, loc='upper right')
8.    plt.show()
```

【代码解析】

第 1 行：使用 import 关键字导入 pyplot 模块。

第 2 行：定义一个元组 labels。

第 3 行：定义一个列表，表示各项的占比。

第 4 行：定义一个列表，表示各项与主体部分的距离。

第 5 行：创建一个子图。

第 6 行：调用 pie 函数绘制饼图。

第 7 行：设置图例的位置为右上方。

第 8 行：显示图形。

【程序运行结果】

程序运行结果如图 14-11 所示，C 项的扇形与其他部分分离开，突出显示。

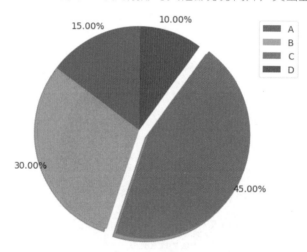

图 14-11   示例 14-10 的程序运行结果（2）

14.2.6   泡泡图

泡泡图与散点图相似，不同之处在于，泡泡图允许在图表中额外加入一个表示大小的变量。实际上，这就像以二维方式绘制包含三个变量的图表一样。泡泡由大小不同的标记（指示相对重要程度）表示。

【示例 14-11】

使用 scatter 函数生成泡泡图，程序如下所示：

```
1.    import matplotlib.pyplot as plt
2.    import random
3.    N = 50
4.    x = [random.randint(1,50) for i in range(N)]
5.    y = [random.randint(1,50) for i in range(N)]
6.    colors = [random.randint(1,1000) for i in range(N)]
7.    area = [random.randint(1,1000) for i in range(N)]
8.    plt.scatter(x, y, s=area, c=colors, alpha=0.5)
9.    plt.show()
```

【代码解析】

第 1 行：使用 import 关键字导入 pyplot 模块。

第 2 行：使用 import 关键字导入 random 模块。

第 3 行：定义一个常数 N 为 50。

第 4、5 行：使用列表生成式生成两个列表，列表中各有 50 个 1～50 的随机数。

第 6、7 行：使用列表生成式生成两个列表，列表中各有 50 个 1～1000 的随机数。

第 8 行：调用 scatter 函数生成泡泡图。

第 9 行：显示图形。

【程序运行结果】

程序运行结果如图 14-12 所示，绘制出一个颜色不同且大小不同的泡泡图。

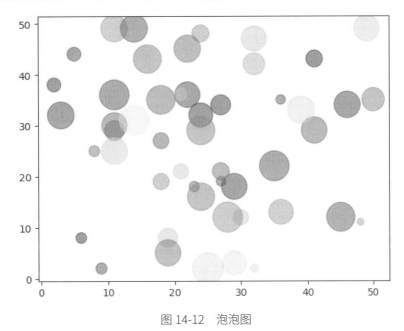

图 14-12　泡泡图

14.2.7 等高图

等高线是指地形图上高程相等的相邻各点所连成的闭合曲线。地面上海拔高度相同的点连成的闭合曲线，垂直投影到一个水平面上，并按比例缩绘在图纸上，就得到等高图。等高线也可以看作是不同海拔高度的水平面与实际地面的交线，所以等高线是闭合曲线。在等高线上标注的数字为该等高线的海拔。

【示例 14-12】

绘制等高图，程序如下所示：

```python
1.  import matplotlib.pyplot as plt
2.  import numpy as np
3.  fig, (ax1, ax2) = plt.subplots(2)
4.  x = np.arange(-5, 5, 0.1)
5.  y = np.arange(-5, 5, 0.1)
6.  xx, yy = np.meshgrid(x, y, sparse=True)
7.  z = np.sin(xx**2 + yy**2) / (xx**2 + yy**2)
8.  ax1.contourf(x, y, z)
9.  ax2.contour(x, y, z)
10. plt.show()
```

【代码解析】

第 1 行：使用 import 关键字导入 pyplot 模块。

第 2 行：使用 import 关键字导入 numpy 模块。

第 3 行：创建两个子图。

第 4、5 行：使用 np 模块生成两个列表。

第 6 行：生成网格点坐标矩阵。

第 7 行：调用三角函数 sin。

第 8 行：生成第一个子图。

第 9 行：生成第二个子图。

第 10 行：显示图形。

【程序运行结果】

程序运行结果如图 14-13 所示，绘制了两个一样的轮廓图，第 8 行的 contourf 函数会为轮廓线之间的空隙填充颜色。数据 x、y、z 通常是具有相同 shape 的二维矩阵。x、y 可以为一维向量，但是必须有 z.shape = (y.n, x.n)，这里 y.n 和 x.n 分别表示 x、y 的长度。z 通常表示到 x-y 平面的距离，传入 x、y 是控制绘制的等高图的范围。

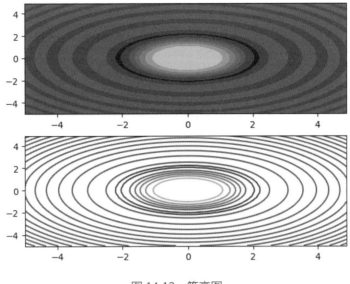

图 14-13　等高图

14.3　图形布局、图例和区间分段

在 14.2 节中,学习了如何使用 Matplotlib 库绘制二维图形。在数据可视化中,美观的图形布局、图例和区间分段是非常重要的。本节将学习区间上下限的设置、图例的添加和区间分段的设置。

14.3.1　设置区间的上下限

在 14.2.7 节的示例 14–12 中，绘制等高图后，会发现 x、y 轴的区间是会自动调整的，并不是和传入的 x、y 轴数据中的最值相同。

【示例 14–13】

调整区间的上下限，程序如下所示:

```
1.   import matplotlib.pyplot as plt
2.   import numpy as np
3.   x = np.linspace(0, 2*np.pi)
4.   y = np.sin(x)
5.   fig, (ax1, ax2) = plt.subplots(2)
6.   ax1.plot(x, y)
7.   ax2.plot(x, y)
8.   ax2.set_xlim([-1, 6])
9.   ax2.set_ylim([-1, 3])
10.  plt.show()
```

【代码解析】

第 1 行: 使用 import 关键字导入 pyplot 模块。

第 2 行: 使用 import 关键字导入 numpy 模块。

第 3、4 行: 准备数据。

第 5 行: 创建两个子图。

第 6、7 行: 使用 plot 函数分别绘制两个子图。

第 8、9 行: 对第二个子图的 x、y 坐标设置范围。

第 10 行: 显示图形。

【程序运行结果】

程序运行结果如图 14-14 所示，未对子图一的 x、y 轴的上下限进行限制，对子图二的 x、y 轴的上下限进行了限制。

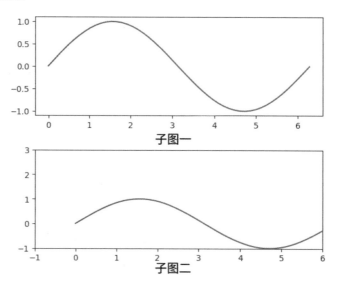

图 14-14　示例 14-13 的程序运行结果

14.3.2　添加图例

如果在一个 Axes 对象上多次进行绘图，很有可能分不清哪条线或哪个点代表的意思。添加图例就可以解决这个问题了。

【示例 14-14】

添加图例，程序如下所示:

```
1.   import matplotlib.pyplot as plt
2.   fig, ax = plt.subplots()
3.   ax.plot([1, 2, 3, 4], [5, 9, 13, 20], label='Beijing')
```

```
4.   ax.plot([1, 2, 3, 4], [25, 28, 24, 30], label='Sanya')
5.   ax.set(ylabel='Temperature', xlabel='Time', title='A tale of two cities')
6.   ax.legend()
7.   plt.show()
```

【代码解析】

第 1 行：使用 import 关键字导入 pyplot 模块。

第 2 行：创建一个子图。

第 3、4 行：准备数据。

第 5 行：设置 x、y 轴的标题。

第 6 行：将图例放置在画布的左上角。

第 7 行：显示图形。

【程序运行结果】

程序运行结果如图 14-15 所示，通过左上角的图例，可以非常清晰地看出每条折线所表示的城市温度的变化情况。

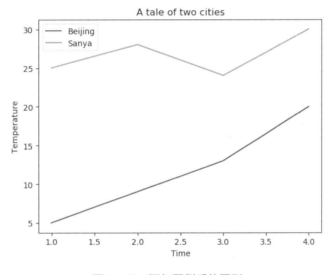

图 14-15   添加图例后的图形

14.3.3   区间分段

默认情况下，在绘图结束之后 Axes 对象会自动控制区间的分段，但更多的时候，自动的区间分段不能满足要求，这时就需要用户自行设置区间分段。

【示例 14-15】

分别添加两个子图，第一个子图使用自动区间分段；第二个子图用户自行设置区间分段。程序如下所示：

```
1.  import matplotlib.pyplot as plt
2.  import numpy as np
3.  data = [('apples', 2), ('oranges', 3), ('peaches', 1)]
4.  fruit, value = zip(*data)
5.  fig, (ax1, ax2) = plt.subplots(2)
6.  x = np.arange(len(fruit))
7.  ax1.bar(x, value, align='center', color='gray')
8.  ax2.bar(x, value, align='center', color='gray')
9.  ax2.set(xticks=x, xticklabels=fruit)
10. plt.show()
```

【代码解析】

第1行：使用 import 关键字导入 pyplot 模块。

第2行：使用 import 关键字导入 numpy 模块。

第3行：定义列表 data。

第4行：将列表 data 打包为一个元组。

第5行：创建两个子图。

第6行：定义列表 x。

第7、8行：分别绘制两个子图。

第9行：给第二个子图设置 x 坐标的显示内容，用户自行设置区间分段。

第10行：显示图形。

【程序运行结果】

程序运行结果如图 14-16 所示，子图一的 x 坐标是系统自动生成的，子图二的 x 坐标是自定义的。

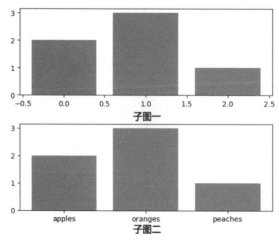

图 14-16　x 坐标的两种分段效果

总结与练习

【本章小结】

本章主要学习了利用 Matplotlib 库进行绘图的方法, Matplotlib 库提供了非常方便的绘图功能。本章讲解了如何通过 Matplotlib 库的 pyplot 模块绘制折线图、散点图、条形图、饼图等, 把数据通过图形的方式展示出来, 可以更加清晰明了地揭示数据中暗含的规律, 这是数据分析中重要的一步。

【巩固练习】

表 14-1 所示为小明和小华两人的身高。请选择合适的图形, 清晰明确地展示两人的身高变化。

表 14-1　小明和小华的身高

年份 / 年	2010	2011	2012	2013	2014	2015	2016	2017	2018	2019	2020
小明的身高 /cm	100	102	105	112	120	135	148	160	172	175	176
小华的身高 /cm	105	105	108	112	118	130	145	156	162	165	166

● **目标要求**

通过该练习, 考查对 Matplotlib 库中的各种绘图函数的理解与掌握情况。

● **编程提示**

(1) 分析问题, 根据题干要求, 可以选择折线图。

(2) 调用 pyplot 模块中的 plot 函数即可绘制折线图, 每个人的身高各用一条折线表示。

第15章

项目实战：
飞机大战游戏编程

📖 本章导读

通过前面 14 章的学习，已经掌握了 Python 的基本语法和编程知识。本章完成一个综合项目实战——飞机大战游戏编程，熟悉一般项目开发的基本步骤，提高编程的综合能力。

扫一扫，看视频

飞机大战游戏编程将调用 pygame 模块，通过该模块可以非常方便地操作图片的运动，就像 Scratch 编程一样。图 15-1 所示为飞机大战游戏的运行界面。

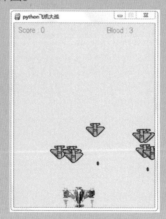

图 15-1　飞机大战游戏的运行界面

15.1 准备工作

在开发一个完整的项目前，需要对该项目进行需求分析，包括功能分析、运行逻辑分析、图片和声音素材的收集等准备工作。

15.1.1 功能分析和素材收集

首先，需要分析游戏的构成、运行逻辑和结束条件。在游戏开始时，红色飞机位于游戏窗口的中下方位置，敌机处于游戏窗口的上方位置。敌机从上往下飞行，如果碰到红色飞机，则游戏结束。玩家可以通过左右方向键控制飞机左右运动，以躲避敌机；玩家按下空格键发射子弹，子弹从下往上飞行，碰到敌机后与之一起爆炸；敌机爆炸后，隔几秒钟另一架敌机出现在游戏窗口的上方位置。

然后，需要收集素材。飞机大战游戏中有 3 个图形：红色飞机、敌机和子弹。了解游戏的运行逻辑后，还需要准备背景图片、红色飞机图片、敌机图片等素材，可以上网自行获取或者在本书提供的地址中下载，把获取的图片放置到工程"飞机大战"文件中。

最后，才是编程开发和调试程序。本游戏用到了 pygame 模块，因此要确保计算机的 PyCharm 集成开发环境中已经安装了该模块，如果没有安装，则可以参考 15.1.2 节的步骤安装 pygame 模块。

15.1.2 创建 Python 文件

第 1 步： 创建一个新的工程。打开 PyCharm 集成开发环境，选择 File → New Project 命令，在弹出的"Create Project"对话框中输入工程名称，然后单击"Create"按钮，即可完成新工程的创建，如图 15-2 所示。

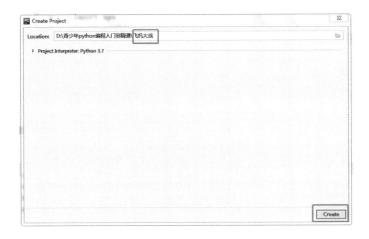

图 15-2　创建新工程

第 2 步： 新建 Python 文件。在"飞机大战"工程名上右击，在弹出的快捷菜单中选择

New → Python File 命令，新建一个 Python 文件，如图 15-3 所示。

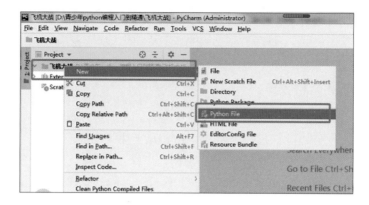

图 15-3　新建 Python 文件

第 3 步： 在文本框中输入文件名称，在此输入 Plane_game，如图 15-4 所示。按 Enter 键，Python 文件即可创建成功，如图 15-5 所示，可以开始编写程序了。

图 15-4　输入文件名称　　　　　　　　　　图 15-5　Python 文件创建成功

15.2　红色飞机

在飞机大战游戏中，红色飞机是由玩家控制的，又称我方飞机。玩家可以控制该飞机上、下、左、右运动，按下空格键时还可以发射子弹。

15.2.1　游戏界面

准备工作完成后就进入编程阶段，本节创建飞机大战的游戏界面，在 Plane_game.py 文件中进行编程。

【项目 15-1】

游戏界面就是常见的游戏窗口，创建游戏界面的程序如下所示：

```
1.    import pygame
2.    import sys
3.    screenx = 360
4.    screeny = 460
5.    def Event():
```

```
6.        for event in pygame.event.get():
7.            if event.type == pygame.QUIT:
8.                sys.exit()
9.    if __name__ == '__main__':
10.        pygame.init()
11.        screen=pygame.display.set_mode((Screen_x,Screen_y))
12.        pygame.display.set_caption("python 飞机大战 ")
13.        backgroud=pygame.image.load(r"backgroud1.jpg").convert()
14.        screen.blit(backgroud,(0,0))
15.        while True:
16.            screen.blit(backgroud, (0, 0))
17.            pygame.display.update()
18.            Event()
```

【代码解析】

第 1 行：导入 pygame 模块。

第 2 行：导入 sys 模块。

第 3、4 行：设置游戏界面的宽为 360，高为 460。

第 5～8 行：定义函数 Event，用于检测关闭窗口事件。

第 6 行：使用 for 循环语句遍历所有事件。

第 7、8 行：如果检测到关闭窗口事件，则退出程序。

第 9 行：程序入口。

第 10 行：初始化 pygame 模块。

第 11 行：使用 pygame 模块设置一个窗口。

第 12 行：设置窗口左上角的显示名字为 "python 飞机大战"。

第 13 行：加载游戏的背景图片，并赋值给变量 background。

第 14 行：调用 blit 方法，在缓冲区中绘制背景图片。

第 15 行：进入 while 无限循环。

第 16 行：调用 blit 方法，在缓冲区中绘制背景图片。

第 17 行：把缓冲区的图片更新到窗口中显示。

第 18 行：调用 Event 函数。

【程序运行结果】

程序运行结果如图 15-6 所示，大小为 360×460 的游戏窗口已经出现。单击右上角的关闭按钮，窗口随即关闭。

图 15-6 【项目 15-1】的程序运行结果

15.2.2 创建红色飞机类

在 15.1 节的功能分析中看到，在游戏开始时，红色飞机的初始位置在游戏窗口的正下方。该如何把红色飞机的图片放置到游戏窗口中呢？又怎样才能控制红色飞机运动呢？红色飞机是怎样发射子弹的呢？要完成这些功能，必须先创建红色飞机类，把红色飞机的图片、运动方法等都封装到红色飞机类中，用的时候直接调用即可。

【项目 15-2】

创建红色飞机类的完整程序如下，只需在【项目 15-1】的基础上添加加粗部分的程序代码即可。

```
1.    import pygame
2.    import sys
3.    screenx = 360
4.    screeny = 460
5.    def Event():
6.        for event in pygame.event.get():
7.            if event.type == pygame.QUIT:
8.                sys.exit()
9.    class Me:
10.       def __init__(self,x1,y1):
11.           self.x = x1
12.           self.y = y1
13.           self.img = pygame.image.load(r"me.png").convert_alpha()
```

```
14.          self.sy = pygame.mixer.Sound(r"me_down.wav")
15.          self.sy.set_volume(0.5)
16.          self.moving_left = False
17.          self.moving_right = False
18.          self.moving_up = False
19.          self.moving_down = False
20.          self.blood = 10
21.      def move_up(self):
22.          if(self.moving_up== True):
23.              if(self.y>0):
24.                  self.y = self.y - 0.5
25.      def move_down(self):
26.          if (self.moving_down == True):
27.              if(self.y<400):
28.                  self.y = self.y + 0.5
29.      def move_left(self):
30.          if (self.moving_left == True):
31.              if(self.x>0):
32.                  self.x = self.x - 0.5
33.      def move_right(self):
34.          if (self.moving_right == True):
35.              if(self.x<270):
36.                  self.x = self.x + 0.5
37.      def play_sy(self):
38.          self.sy.play()
39. if __name__ == '__main__':
40.      pygame.init()
41.      screen=pygame.display.set_mode((Screen_x,Screen_y))
42.      pygame.display.set_caption("python 飞机大战 ")
43.      backgroud=pygame.image.load(r"backgroud1.jpg").convert()
44.      screen.blit(backgroud,(0,0))
45.      Plane = Me(122, 400)
46.      while True:
47.          screen.blit(backgroud, (0, 0))
48.          screen.blit(Plane.img, (Plane.x, Plane.y))
49.          pygame.display.update()
50.          Event()
```

【代码解析】

第 9 ～ 38 行：创建红色飞机类 Me，表示玩家控制的飞机。

第 10 ～ 20 行：添加红色飞机的属性。

第 11、12 行: 设置红色飞机的坐标属性。

第 13 行: 设置红色飞机的图片属性。

第 14 行: 设置红色飞机的声音属性。

第 15 行: 设置声音大小为 50%。

第 16 ~ 19 行: 定义红色飞机前后左右的运动标志为 False。

第 20 行: 设置红色飞机的生命值为 10。

第 21 ~ 24 行: 给 Me 类添加 move_up 方法，控制红色飞机往上运动。

第 22 行: 判断 moving_up 属性的值是否为 True，如果满足条件，则表示这时向上键被按下。

第 23 行: 判断表示红色飞机的纵坐标 y 属性的值是否大于 0，如果满足条件，则表示红色飞机还没有到达游戏窗口的最上方。

第 24 行: 如果满足第 22、23 行的条件，那么红色飞机的纵坐标 y 属性的值减少 0.5，红色飞机就往上移动 0.5 像素。

第 25 ~ 28 行: 给 Me 类添加 move_down 方法，控制红色飞机往下运动。

第 29 ~ 32 行: 给 Me 类添加 move_left 方法，控制红色飞机往左运动。

第 33 ~ 35 行: 给 Me 类添加 move_right 方法，控制红色飞机往右运动。

第 45 行: 实例化一个 Me 类的红色飞机对象，坐标设置为（122，400）。

第 48 行: 红色飞机的图片显示在窗口中。

【程序运行结果】

程序运行结果如图 15-7 所示，可见红色飞机出现在游戏窗口的正下方，这时还不能控制红色飞机运动，因为还没有做按键事件检测。完成按键事件检测后，就可以控制飞机上、下、左、右运动了。

图 15-7 【项目 15-2】的程序运行结果

15.2.3 控制红色飞机运动

在 15.2.2 节中，完成了红色飞机类的创建，并定义了相关的运动函数。本节将完成按键事件的检测并控制红色飞机运动。

【项目 15-3】

完整程序如下，只需在【项目 15-2】的基础上添加加粗部分的程序代码即可。

```
1.   import pygame
2.   import sys
3.   screenx = 360
4.   screeny = 460
5.   class Me:
6.       def __init__(self,x1,y1):
7.           self.x = x1
8.           self.y = y1
9.           self.img = pygame.image.load(r"me.png").convert_alpha()
10.          self.sy = pygame.mixer.Sound(r"me_down.wav")
11.          self.sy.set_volume(0.5)
12.          self.moving_left = False
13.          self.moving_right = False
14.          self.moving_up = False
15.          self.moving_down = False
16.          self.blood = 10
17.      def move_up(self):
18.          if(self.moving_up== True):
19.              if(self.y>0):
20.                  self.y = self.y - 0.5
21.      def move_down(self):
22.          if (self.moving_down == True):
23.              if(self.y<400):
24.                  self.y = self.y + 0.5
25.      def move_left(self):
26.          if (self.moving_left == True):
27.              if(self.x>0):
28.                  self.x = self.x - 0.5
29.      def move_right(self):
30.          if (self.moving_right == True):
31.              if(self.x<270):
32.                  self.x = self.x + 0.5
```

```
33.        def play_sy(self):
34.            self.sy.play()
35.  def Event(fj):
36.      for event in pygame.event.get():
37.          if event.type == pygame.QUIT:
38.              sys.exit()
39.          elif event.type == pygame.KEYDOWN:
40.              if event.key == pygame.K_RIGHT:
41.                  fj.moving_right = True
42.              elif event.key == pygame.K_LEFT:
43.                  fj.moving_left = True
44.              elif event.key == pygame.K_UP:
45.                  fj.moving_up  =True
46.              elif event.key == pygame.K_DOWN:
47.                  fj.moving_down = True
48.          elif event.type == pygame.KEYUP:
49.              if event.key == pygame.K_RIGHT:
50.                  fj.moving_right = False
51.              if event.key == pygame.K_LEFT:
52.                  fj.moving_left = False
53.              if event.key == pygame.K_UP:
54.                  fj.moving_up = False
55.              if event.key == pygame.K_DOWN:
56.                  fj.moving_down = False
57.      fj.move_right()
58.      fj.move_left()
59.      fj.move_up()
60.      fj.move_down()
61.  if __name__ == '__main__':
62.      pygame.init()
63.      screen=pygame.display.set_mode((Screen_x,Screen_y))
64.      pygame.display.set_caption("Python 飞机大战 ")
65.      backgroud=pygame.image.load(r"backgroud1.jpg").convert()
66.      screen.blit(backgroud,(0,0))
67.      Plane = Me(122, 400)
68.      while True:
69.          screen.blit(backgroud, (0, 0))
70.          screen.blit(Plane.img, (Plane.x, Plane.y))
71.          pygame.display.update()
72.          Event(Plane)
```

【代码解析】

可以看出，在【项目 15-3】的基础上添加了第 39 ~ 60 行的代码，新增代码在 Event 函数中，用于检测按键是否按下，如果按键被按下，则控制红色飞机向该方向运行。

第 39 ~ 47 行：如果事件类型为按键被按下，对上、下、左、右 4 个方向键分别进行检测，然后设置飞机相应的属性值为 True。

第 40、41 行：如果判断右键被按下，设置红色飞机的属性 moving_right 的值为 True。

第 42、43 行：如果判断左键被按下，设置红色飞机的属性 moving_left 的值为 True。

第 44、45 行：如果判断上键被按下，设置红色飞机的属性 moving_up 的值为 True。

第 46、47 行：如果判断下键被按下，设置红色飞机的属性 moving_down 的值为 True。

第 48 ~ 56 行：如果事件类型为按键被松开，对上、下、左、右 4 个方向键分别进行检测，然后设置红色飞机相应的属性值为 False。

第 49、50 行：如果判断右键被松开，设置红色飞机的属性 moving_right 的值为 False。

第 51、52 行：如果判断左键被松开，设置红色飞机的属性 moving_left 的值为 False。

第 53、54 行：如果判断上键被松开，设置红色飞机的属性 moving_up 的值为 False。

第 55、56 行：如果判断下键被松开，设置红色飞机的属性 moving_down 的值为 False。

第 57 行：调用红色飞机的 move_right 函数。

第 58 行：调用红色飞机的 move_left 函数。

第 59 行：调用红色飞机的 move_up 函数。

第 60 行：调用红色飞机的 move_down 函数。

【程序运行结果】

运行程序，可以通过键盘上的方向键控制红色飞机在整个游戏界面上运动，如图 15-8 和图 15-9 所示。至此，红色飞机的程序就编写完成了，接下来编写敌机类的相关程序。

图 15-8 控制红色飞机运动到左上角　　图 15-9 控制红色飞机运动到右下角

15.3 敌机

本节创建敌机类，敌机类的编程与红色飞机类的编程方法一样，导入敌机图片，放置在游戏界面上即可。

15.3.1 创建敌机类

创建敌机类的具体程序如下所示。

【项目 15-4】

完整程序如下，只需在【项目 15-3】的基础上添加加粗部分的程序代码即可。

```
1.    import pygame
2.    import sys
3.    import random
4.    screenx = 360
5.    screeny = 460
6.    class Me:
7.        def __init__(self,x1,y1):
8.            self.x = x1
9.            self.y = y1
10.           self.img = pygame.image.load(r"me.png").convert_alpha()
11.           self.sy = pygame.mixer.Sound(r"me_down.wav")
12.           self.sy.set_volume(0.5)
13.           self.moving_left = False
14.           self.moving_right = False
15.           self.moving_up = False
16.           self.moving_down = False
17.           self.blood = 10
18.       def move_up(self):
19.           if(self.moving_up== True):
20.               if(self.y>0):
21.                   self.y = self.y - 0.5
22.       def move_down(self):
23.           if (self.moving_down == True):
24.               if(self.y<400):
25.                   self.y = self.y + 0.5
26.       def move_left(self):
27.           if (self.moving_left == True):
28.               if(self.x>0):
29.                   self.x = self.x - 0.5
```

```
30.    def move_right(self):
31.        if (self.moving_right == True):
32.            if(self.x<270):
33.                self.x = self.x + 0.5
34.    def play_sy(self):
35.        self.sy.play()
36. def Event(fj):
37.     for event in pygame.event.get():
38.         if event.type == pygame.QUIT:
39.             sys.exit()
40.         elif event.type == pygame.KEYDOWN:
41.             if event.key == pygame.K_RIGHT:
42.                 fj.moving_right = True
43.             elif event.key == pygame.K_LEFT:
44.                 fj.moving_left = True
45.             elif event.key == pygame.K_UP:
46.                 fj.moving_up  =True
47.             elif event.key == pygame.K_DOWN:
48.                 fj.moving_down = True
49.         elif event.type == pygame.KEYUP:
50.             if event.key == pygame.K_RIGHT:
51.                 fj.moving_right = False
52.             if event.key == pygame.K_LEFT:
53.                 fj.moving_left = False
54.             if event.key == pygame.K_UP:
55.                 fj.moving_up = False
56.             if event.key == pygame.K_DOWN:
57.                 fj.moving_down = False
58.     fj.move_right()
59.     fj.move_left()
60.     fj.move_up()
61.     fj.move_down()
62. class Enemy:
63.     def __init__(self,x1,y1):
64.         self.x = x1
65.         self.y = y1
66.         self.img = pygame.image.load(r"enemy.png").convert_alpha()
67.         self.sy = pygame.mixer.Sound(r"me_down.wav")
68.         self.sy.set_volume(0.5)
```

```
69.        def play_sy(self):
70.            self.sy.play()
71.        def move_down(self):
72.            if(self.y<450):
73.                self.y = self.y + 0.1
74.            else:
75.                del self
76.    if __name__ == '__main__':
77.        pygame.init() #初始化
78.        screen=pygame.display.set_mode((Screen_x,Screen_y))
79.        pygame.display.set_caption("python 飞机大战 ")
80.        backgroud=pygame.image.load(r"backgroud1.jpg").convert()
81.        screen.blit(backgroud,(0,0))
82.        Plane = Me(122, 400)
83.        enemy = Enemy(random.randint(0, 320), random.randint(0, 30))
84.        while True:
85.            screen.blit(backgroud, (0, 0))
86.            screen.blit(Plane.img, (Plane.x, Plane.y))
87.            screen.blit(enemy.img, (140, 0))
88.            pygame.display.update()
89.            Event(Plane)
```

【代码解析】

第 62 ~ 75 行: 添加敌机类 Enemy。

第 63 ~ 68 行: 添加敌机类的属性，包括敌机图片、声音、坐标、大小。

第 69、70 行: 调用播放声音函数。

第 71 ~ 75 行: 创建敌机向下运动函数。

第 72、73 行: 当敌机的纵坐标小于 450 时，敌机继续往下飞行。

第 74、75 行: 当敌机纵坐标不小于 450 时，即敌机到达游戏窗口底部，则删除该敌机对象，敌机消失。

第 83 行: 实例化一架敌机。

第 87 行: 敌机图片显示在窗口的正上方。

【程序运行结果】

运行程序，可见一架敌机出现在窗口正上方，如图 15-10 所示。

图 15-10 【项目 15-4】的程序运行结果

15.3.2 敌机运动与数量的控制

在飞机大战游戏中，往往是多架敌机一起出现在窗口上方，然后往下运动。本节创建多架敌机对象，并控制它们的运动。

【项目 15-5】

可以使用列表保存敌机对象，然后通过遍历该列表来控制敌机的运动。完整程序如下，只需在【项目 15-4】的基础上添加加粗部分的程序代码即可。

```
1.    import pygame
2.    import sys
3.    import random
4.    screenx = 360
5.    screeny = 460
6.    enemy_list = []
7.    class Me:
8.        def __init__(self,x1,y1):
9.            self.x = x1
10.           self.y = y1
11.           self.img = pygame.image.load(r"me.png").convert_alpha()
12.           self.sy = pygame.mixer.Sound(r"me_down.wav")
13.           self.sy.set_volume(0.5)
14.           self.moving_left = False
```

```
15.            self.moving_right = False
16.            self.moving_up = False
17.            self.moving_down = False
18.            self.blood = 10
19.        def move_up(self):
20.            if(self.moving_up== True):
21.                if(self.y>0):
22.                    self.y = self.y - 0.5
23.        def move_down(self):
24.            if (self.moving_down == True):
25.                if(self.y<400):
26.                    self.y = self.y + 0.5
27.        def move_left(self):
28.            if (self.moving_left == True):
29.                if(self.x>0):
30.                    self.x = self.x - 0.5
31.        def move_right(self):
32.            if (self.moving_right == True):
33.                if(self.x<270):
34.                    self.x = self.x + 0.5
35.        def play_sy(self):
36.            self.sy.play()
37.    def Event(fj):
38.        for event in pygame.event.get():
39.            if event.type == pygame.QUIT:
40.                sys.exit()
41.            elif event.type == pygame.KEYDOWN:
42.                if event.key == pygame.K_RIGHT:
43.                    fj.moving_right = True
44.                elif event.key == pygame.K_LEFT:
45.                    fj.moving_left = True
46.                elif event.key == pygame.K_UP:
47.                    fj.moving_up  =True
48.                elif event.key == pygame.K_DOWN:
49.                    fj.moving_down = True
50.            elif event.type == pygame.KEYUP:
51.                if event.key == pygame.K_RIGHT:
52.                    fj.moving_right = False
53.                if event.key == pygame.K_LEFT:
```

```python
54.                    fj.moving_left = False
55.            if event.key == pygame.K_UP:
56.                    fj.moving_up = False
57.            if event.key == pygame.K_DOWN:
58.                    fj.moving_down = False
59.        fj.move_right()
60.        fj.move_left()
61.        fj.move_up()
62.        fj.move_down()
63.  class Enemy:
64.        def __init__(self,x1,y1):
65.            self.x = x1
66.            self.y = y1
67.            self.img = pygame.image.load(r"enemy.png").convert_alpha()
68.            self.sy = pygame.mixer.Sound(r"me_down.wav")
69.            self.sy.set_volume(0.5)
70.        def play_sy(self):
71.            self.sy.play()
72.        def move_down(self):
73.            if(self.y<450):
74.                self.y = self.y + 0.1
75.            else:
76.                del self
77.  if __name__ == '__main__':
78.        pygame.init() #初始化
79.        screen=pygame.display.set_mode((Screen_x,Screen_y))
80.        pygame.display.set_caption("python 飞机大战 ")
81.        backgroud=pygame.image.load(r"background1.jpg").convert()
82.        screen.blit(backgroud,(0,0))
83.        Plane = Me(122, 400)
84.        while True:
85.            screen.blit(backgroud, (0, 0))
86.            screen.blit(Plane.img, (Plane.x, Plane.y))
87.            if (len(enemy_list) < 8):
88.                dj1 = Enemy(random.randint(0, 320), random.randint(0, 30))
89.                enemy_list.append(dj1)
90.            for i in enemy_list:
91.                i.move_down()
92.                if i.y >420:
```

```
93.                    enemy_list.remove(i)
94.            else:
95.                screen.blit(i.img, (i.x, i.y))
96.        pygame.display.update()
97.    Event(Plane)
```

【代码解析】

第 6 行：新建一个列表 enemy_list，用于放置敌机对象，因为不止一架敌机。

第 87 ～ 89 行：本游戏中设置的敌机共有 8 架，如果判断 enemy_list 列表的长度小于 8，即敌机数量小于 8，则新建一架敌机并加入该列表。

第 90 ～ 95 行：遍历 enemy_list 列表，控制每架敌机的运动。

第 91 行：调用敌机向下运动函数。

第 92、93 行：如果敌机的纵坐标大于 420，即敌机运动到窗口底部，则把该敌机从列表中移除。

第 94、95 行：把该敌机显示在窗口中。

【程序运行结果】

程序运行结果如图 15-11 所示，窗口上有 8 架敌机，如果需要改变敌机的数量，则可以修改第 87 行的程序。

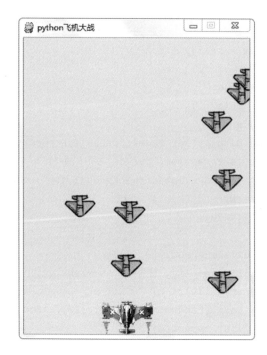

图 15-11 【项目 15-5】的程序运行结果

15.3.3　敌机与红色飞机碰撞

正常情况下，飞机发生碰撞，势必造成机毁人亡。在飞机大战游戏中，敌机快速飞行，如果红色飞机避让不及，就会与敌机碰撞损毁。敌机尺寸为 67×40，红色飞机尺寸为 78×50，因此它们的大小不能忽略。

【项目 15-6】

完整程序如下，只需在【项目 15-5】的基础上添加加粗部分的程序代码即可。

```
1.    import pygame
2.    import sys
3.    import random
4.    screenx = 360
5.    screeny = 460
6.    enemy_list = []
7.    class Me:
8.        def __init__(self,x1,y1):
9.            self.x = x1
10.           self.y = y1
11.           self.img = pygame.image.load(r"me.png").convert_alpha()
12.           self.sy = pygame.mixer.Sound(r"me_down.wav")
13.           self.sy.set_volume(0.5)
14.           self.moving_left = False
15.           self.moving_right = False
16.           self.moving_up = False
17.           self.moving_down = False
18.           self.blood = 10
19.       def move_up(self):
20.           if(self.moving_up== True):
21.               if(self.y>0):
22.                   self.y = self.y - 0.5
23.       def move_down(self):
24.           if (self.moving_down == True):
25.               if(self.y<400):
26.                   self.y = self.y + 0.5
27.       def move_left(self):
28.           if (self.moving_left == True):
29.               if(self.x>0):
30.                   self.x = self.x - 0.5
31.       def move_right(self):
```

```
32.            if (self.moving_right == True):
33.                if(self.x<270):
34.                    self.x = self.x + 0.5
35.        def play_sy(self):
36.            self.sy.play()
37. def Event(fj):
38.     for event in pygame.event.get():
39.         if event.type == pygame.QUIT:
40.             sys.exit()
41.         elif event.type == pygame.KEYDOWN:
42.             if event.key == pygame.K_RIGHT:
43.                 fj.moving_right = True
44.             elif event.key == pygame.K_LEFT:
45.                 fj.moving_left = True
46.             elif event.key == pygame.K_UP:
47.                 fj.moving_up  =True
48.             elif event.key == pygame.K_DOWN:
49.                 fj.moving_down = True
50.         elif event.type == pygame.KEYUP:
51.             if event.key == pygame.K_RIGHT:
52.                 fj.moving_right = False
53.             if event.key == pygame.K_LEFT:
54.                 fj.moving_left = False
55.             if event.key == pygame.K_UP:
56.                 fj.moving_up = False
57.             if event.key == pygame.K_DOWN:
58.                 fj.moving_down = False
59.     fj.move_right()
60.     fj.move_left()
61.     fj.move_up()
62.     fj.move_down()
63. class Enemy:
64.     def __init__(self,x1,y1):
65.         self.x = x1
66.         self.y = y1
67.         self.img = pygame.image.load(r"enemy.png").convert_alpha()
68.         self.sy = pygame.mixer.Sound(r"me_down.wav")
69.         self.sy.set_volume(0.5)
70.     def play_sy(self):
71.         self.sy.play()
```

```
72.      def move_down(self):
73.          if(self.y<450):
74.              self.y = self.y + 0.1
75.          else:
76.              del self
77.  def Me_enemy_impact(d_list,fj):
78.      for d in d_list:
79.          if((fj.x+78)>d.x and fj.x<(d.x+57)):
80.              if((fj.y+50)>d.y and fj.y<(d.y+43)):
81.                  if(fj.blood > 0):
82.                      fj.blood = fj.blood - 1
83.                  fj.play_sy()
84.                  d_list.remove(d)
85.  if __name__ == '__main__':
86.      pygame.init() #初始化
87.      screen=pygame.display.set_mode((Screen_x,Screen_y))
88.      pygame.display.set_caption("python 飞机大战 ")
89.      backgroud=pygame.image.load(r"backgroud1.jpg").convert()
90.      screen.blit(backgroud,(0,0))
91.      Plane = Me(122, 400)
92.      while True:
93.          screen.blit(backgroud, (0, 0))                # 画上背景图
94.          screen.blit(Plane.img, (Plane.x, Plane.y))
95.          if (len(enemy_list) < 8):
96.              dj1 = Enemy(random.randint(0, 320), random.randint(0, 30))
97.              enemy_list.append(dj1)
98.          for i in enemy_list:
99.              i.move_down()
100.             if i.y >420:
101.                 enemy_list.remove(i)
102.             else:
103.                 screen.blit(i.img, (i.x, i.y))
104.         Me_enemy_impact(enemy_list, Plane)
105.         pygame.display.update()                    # 刷新画面
106.         Event(Plane)
```

【代码解析】

程序中完成了敌机与红色飞机的碰撞检测。

第 77 ～ 84 行：定义 Me_enemy_impact 函数，用于进行飞机碰撞检测。

第 78 行：遍历存放敌机对象的列表。

第 79 ～ 84 行：如果红色飞机与敌机的图片发生重叠，则认为发生碰撞，飞机的生命值减 1，同时播放声音，并把该敌机从敌机列表中移除。

第 104 行：在循环中调用 Me_enemy_impact 函数，传入相应参数。

【程序运行结果】

程序运行结果如图 15-12 所示，当敌机与红色飞机相遇时，敌机消失并发出声音，同时窗口上方又有新的敌机生成。

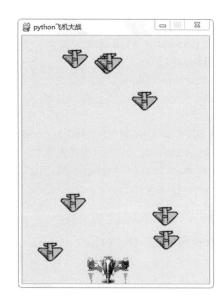

图 15-12 【项目 15-6】的程序运行结果

15.4 红色飞机的子弹

通过前面两节的编程，完成了红色飞机类和敌机类的创建，并完成了红色飞机与敌机的碰撞处理。本节完成红色飞机子弹的创建与发射及击中敌机的程序。

15.4.1 子弹的创建与发射

子弹的创建与飞机的创建类似，包括导入对应图片，定义运动函数等。按下空格键时，子弹就从飞机正上方的机头位置飞出并一直往上运行。

【项目 15-7】

完整程序如下，只需在【项目 15-6】的基础上添加加粗部分的程序代码即可。

```
1.  import pygame
2.  import sys
```

```
3.    import random
4.    screenx = 360
5.    screeny = 460
6.    enemy_list = []
7.    bullet_list = []
8.    class Me:
9.        def __init__(self,x1,y1):
10.           self.x = x1
11.           self.y = y1
12.           self.img = pygame.image.load(r"me.png").convert_alpha()
13.           self.sy = pygame.mixer.Sound(r"me_down.wav")
14.           self.sy.set_volume(0.5)
15.           self.moving_left = False
16.           self.moving_right = False
17.           self.moving_up = False
18.           self.moving_down = False
19.           self.blood = 10
20.       def move_up(self):
21.           if(self.moving_up== True):
22.               if(self.y>0):
23.                   self.y = self.y - 0.5
24.       def move_down(self):
25.           if (self.moving_down == True):
26.               if(self.y<400):
27.                   self.y = self.y + 0.5
28.       def move_left(self):
29.           if (self.moving_left == True):
30.               if(self.x>0):
31.                   self.x = self.x - 0.5
32.       def move_right(self):
33.           if (self.moving_right == True):
34.               if(self.x<270):
35.                   self.x = self.x + 0.5
36.       def play_sy(self):
37.           self.sy.play()
38.   def Event(fj):
39.       for event in pygame.event.get():
40.           if event.type == pygame.QUIT:
41.               sys.exit()
42.           elif event.type == pygame.KEYDOWN:
```

```
43.                 if event.key == pygame.K_RIGHT:
44.                     fj.moving_right = True
45.                 elif event.key == pygame.K_LEFT:
46.                     fj.moving_left = True
47.                 elif event.key == pygame.K_UP:
48.                     fj.moving_up  =True
49.                 elif event.key == pygame.K_DOWN:
50.                     fj.moving_down = True
51.                 elif event.key == pygame.K_SPACE:
52.                     if(len(bullet_list) < 10):
53.                         b = Bullet(fj)
54.                         b.play_sy()
55.                         bullet_list.append(b)
56.             elif event.type == pygame.KEYUP:
57.                 if event.key == pygame.K_RIGHT:
58.                     fj.moving_right = False
59.                 if event.key == pygame.K_LEFT:
60.                     fj.moving_left = False
61.                 if event.key == pygame.K_UP:
62.                     fj.moving_up = False
63.                 if event.key == pygame.K_DOWN:
64.                     fj.moving_down = False
65.         fj.move_right()
66.         fj.move_left()
67.         fj.move_up()
68.         fj.move_down()
69. class Enemy:
70.     def __init__(self,x1,y1):
71.         self.x = x1
72.         self.y = y1
73.         self.img = pygame.image.load(r"enemy.png").convert_alpha()
74.         self.sy = pygame.mixer.Sound(r"me_down.wav")
75.         self.sy.set_volume(0.5)
76.     def play_sy(self):
77.         self.sy.play()
78.     def move_down(self):
79.         if(self.y<450):
80.             self.y = self.y + 0.1
81.         else:
82.             del self
```

```
83.    def Me_enemy_impact(d_list,fj):
84.        for d in d_list:
85.            if((fj.x+78)>d.x and fj.x<(d.x+57)):
86.                if((fj.y+50)>d.y and fj.y<(d.y+43)):
87.                    if(fj.blood > 0):
88.                        fj.blood = fj.blood - 1
89.                    fj.play_sy()
90.                    d_list.remove(d)
91.    class Bullet:
92.        def __init__(self,fj):
93.            self.x = fj.x+36
94.            self.y = fj.y
95.            self.img = pygame.image.load(r"bullet2.png").convert_alpha()
96.            self.sy = pygame.mixer.Sound(r"bullet.wav")
97.            self.sy.set_volume(0.05)
98.        def move_up(self):
99.            if(self.y > 0):
100.               self.y = self.y - 1
101.           else:
102.               del self
103.       def play_sy(self):
104.           self.sy.play()
105. if __name__ == '__main__':
106.     pygame.init() #初始化
107.     screen=pygame.display.set_mode((Screen_x,Screen_y))
108.     pygame.display.set_caption("python 飞机大战 ")
109.     backgroud=pygame.image.load(r"background1.jpg").convert()
110.     screen.blit(backgroud,(0,0))
111.     Plane = Me(122, 400)
112.     while True:
113.         screen.blit(backgroud, (0, 0))              # 画上背景图
114.         screen.blit(Plane.img, (Plane.x, Plane.y))
115.         if (len(enemy_list) < 8):
116.             dj1 = Enemy(random.randint(0, 320), random.randint(0, 30))
117.             enemy_list.append(dj1)
118.         for i in enemy_list:
119.             i.move_down()
120.             if i.y >420:
121.                 enemy_list.remove(i)
122.             else:
123.                 screen.blit(i.img, (i.x, i.y))
```

```
124.        for b in bullet_list:
125.            b.move_up()
126.            if b.y < 10:
127.                bullet_list.remove(b)
128.            else:
129.                screen.blit(b.img, (b.x, b.y))
130.        Me_enemy_impact(enemy_list, Plane)
131.        pygame.display.update()                    # 刷新画面
132.        Event(Plane)
```

【代码解析】

第 7 行：定义列表 bullet_list，用于存放子弹对象，因为同一时间游戏窗口上可能存在多颗子弹。

第 51 ～ 55 行：在 Event 事件检测函数中，当检测到按下空格键并且判断出子弹列表的长度小于 10 时，则创建一颗子弹放入子弹列表中。

第 91 ～ 104 行：创建子弹类 Bullet。

第 92 ～ 97 行：添加子弹的属性，包括坐标、图片、声音。

第 98 ～ 102 行：添加子弹运动函数。

第 103、104 行：添加声音播放函数。

【程序运行结果】

程序运行结果如图 15-13 所示。按下空格键时，即可发射子弹，子弹生成后一直往上飞行，碰到游戏窗口上方才消失。

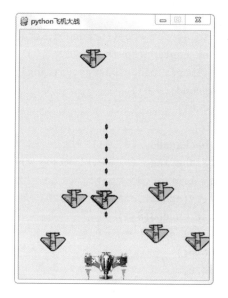

图 15-13 【项目 15-7】的程序运行结果

15.4.2　击中敌机

在上面的程序中，子弹碰到敌机以后，敌机没有任何反应。这是因为还没做子弹与敌机碰撞的处理。本节将编程完成子弹与敌机碰撞的处理，即子弹碰撞到敌机以后，敌机爆炸并消失。

【项目 15-8】

完整程序如下，只需在【项目 15-7】的基础上添加加粗部分的程序代码即可。

```
1.    import pygame
2.    import sys
3.    import random
4.    screenx = 360
5.    screeny = 460
6.    enemy_list = []
7.    bullet_list = []
8.    class Me:
9.        def __init__(self,x1,y1):
10.           self.x = x1
11.           self.y = y1
12.           self.img = pygame.image.load(r"me.png").convert_alpha()
13.           self.sy = pygame.mixer.Sound(r"me_down.wav")
14.           self.sy.set_volume(0.5)
15.           self.moving_left = False
16.           self.moving_right = False
17.           self.moving_up = False
18.           self.moving_down = False
19.           self.blood = 10
20.       def move_up(self):
21.           if(self.moving_up== True):
22.               if(self.y>0):
23.                   self.y = self.y - 0.5
24.       def move_down(self):
25.           if (self.moving_down == True):
26.               if(self.y<400):
27.                   self.y = self.y + 0.5
28.       def move_left(self):
29.           if (self.moving_left == True):
30.               if(self.x>0):
31.                   self.x = self.x - 0.5
32.       def move_right(self):
```

```
33.              if (self.moving_right == True):
34.                  if(self.x<270):
35.                      self.x = self.x + 0.5
36.      def play_sy(self):
37.          self.sy.play()
38.  def Event(fj):
39.      for event in pygame.event.get():
40.          if event.type == pygame.QUIT:
41.              sys.exit()
42.          elif event.type == pygame.KEYDOWN:
43.              if event.key == pygame.K_RIGHT:
44.                  fj.moving_right = True
45.              elif event.key == pygame.K_LEFT:
46.                  fj.moving_left = True
47.              elif event.key == pygame.K_UP:
48.                  fj.moving_up  =True
49.              elif event.key == pygame.K_DOWN:
50.                  fj.moving_down = True
51.              elif event.key == pygame.K_SPACE:
52.                  if(len(bullet_list) < 10):
53.                      b = Bullet(fj)
54.                      b.play_sy()
55.                      bullet_list.append(b)
56.          elif event.type == pygame.KEYUP:
57.              if event.key == pygame.K_RIGHT:
58.                  fj.moving_right = False
59.              if event.key == pygame.K_LEFT:
60.                  fj.moving_left = False
61.              if event.key == pygame.K_UP:
62.                  fj.moving_up = False
63.              if event.key == pygame.K_DOWN:
64.                  fj.moving_down = False
65.      fj.move_right()
66.      fj.move_left()
67.      fj.move_up()
68.      fj.move_down()
69.  class Enemy:
70.      def __init__(self,x1,y1):
71.          self.x = x1
```

```
72.            self.y = y1
73.            self.img = pygame.image.load(r"enemy.png").convert_alpha()
74.            self.sy = pygame.mixer.Sound(r"me_down.wav")
75.            self.sy.set_volume(0.5)
76.        def play_sy(self):
77.            self.sy.play()
78.        def move_down(self):
79.            if(self.y<450):
80.                self.y = self.y + 0.1
81.            else:
82.                del self
83.    def Me_enemy_impact(d_list,fj):
84.        for d in d_list:
85.            if((fj.x+78)>d.x and fj.x<(d.x+57)):
86.                if((fj.y+50)>d.y and fj.y<(d.y+43)):
87.                    if(fj.blood > 0):
88.                        fj.blood = fj.blood - 1
89.                    fj.play_sy()
90.                    d_list.remove(d)
91.    class Bullet:
92.        def __init__(self,fj):
93.            self.x = fj.x+36
94.            self.y = fj.y
95.            self.img = pygame.image.load(r"bullet2.png").convert_alpha()
96.            self.sy = pygame.mixer.Sound(r"bullet.wav")
97.            self.sy.set_volume(0.05)
98.        def move_up(self):
99.            if(self.y > 0):
100.               self.y = self.y - 0.1
101.           else:
102.               del self
103.       def play_sy(self):
104.           self.sy.play()
105. def Attack_enemy(d_list,z_list):
106.     global score
107.     for d in d_list:
108.         for z in z_list:
109.             if(z.x>d.x and z.x<(d.x+57)):
110.                 if(z.y>d.y and z.y<(d.y+43)):
```

```
111.                    d_list.remove(d)
112.                    z_list.remove(z)
113.                    d.play_sy()
114. if __name__ == '__main__':
115.     pygame.init() #初始化
116.     screen=pygame.display.set_mode((Screen_x,Screen_y))
117.     pygame.display.set_caption("python 飞机大战 ")
118.     backgroud=pygame.image.load(r"backgroud1.jpg").convert()
119.     screen.blit(backgroud,(0,0))
120.     Plane = Me(122, 400)
121.     while True:
122.         screen.blit(backgroud, (0, 0))
123.         screen.blit(Plane.img, (Plane.x, Plane.y))
124.         if (len(enemy_list) < 8):
125.             dj1 = Enemy(random.randint(0, 320), random.randint(0, 30))
126.             enemy_list.append(dj1)
127.         for i in enemy_list:
128.             i.move_down()
129.             if i.y >420:
130.                 enemy_list.remove(i)
131.             else:
132.                 screen.blit(i.img, (i.x, i.y))
133.         for b in bullet_list:
134.             b.move_up()
135.             if b.y < 10:
136.                 bullet_list.remove(b)
137.             else:
138.                 screen.blit(b.img, (b.x, b.y))
139.         Me_enemy_impact(enemy_list, Plane)
140.         Attack_enemy(enemy_list, bullet_list)
141.         pygame.display.update()
142.         Event(Plane)
```

【代码解析】

第 105 ～ 113 行：定义函数 Attack_enemy，用于检测子弹与敌机的碰撞。

第 107、108 行：通过双重遍历，检测所有子弹与所有敌机。

第 109、110 行：如果子弹与敌机图片有重叠部分，则认为发生碰撞。

第 111 ～ 113 行：发生碰撞后，把发生碰撞的子弹从子弹列表移除，把发生碰撞的敌机从敌机列表移除，并播放声音。

第 140 行：调用 Attack_enemy 函数，传入相应参数。

【程序运行结果】

程序运行结果如图 15-14 所示，按下空格键时，即可发射子弹，子弹生成后一直往上飞行，子弹碰到敌机后，敌机和子弹一起消失并发出声音。

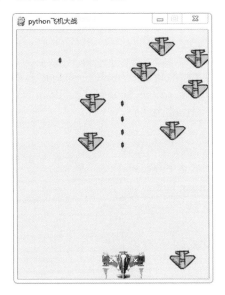

图 15-14　【项目 15-8】的程序运行结果

15.5　敌机的子弹

在 15.4 节中，完成了红色飞机的子弹类的创建，并能够射击敌机。本节完成敌机的子弹的创建与发射及击中红色飞机的程序。

15.5.1　子弹的创建与发射

敌机可以随机发射子弹，敌机发射子弹后，从敌机机头开始一直往下飞行，直到碰到红色飞机或窗口底部。

【项目 15-9】

在本项目的窗口中可以同时出现 8 架敌机，因此可以设置在同一时间由随机的两架敌机发射子弹，攻击红色飞机。完整程序如下，只需在【项目 15-8】的基础上添加加粗部分的程序代码即可。

```
1.   import pygame
2.   import sys
3.   import random
4.   screenx = 360
```

```python
5.   screeny = 460
6.   enemy_list = []
7.   bullet_list = []
8.   enemy_bullet_list = []
9.   class Me:
10.      def __init__(self,x1,y1):
11.          self.x = x1
12.          self.y = y1
13.          self.img = pygame.image.load(r"me.png").convert_alpha()
14.          self.sy = pygame.mixer.Sound(r"me_down.wav")
15.          self.sy.set_volume(0.5)
16.          self.moving_left = False
17.          self.moving_right = False
18.          self.moving_up = False
19.          self.moving_down = False
20.          self.blood = 10
21.      def move_up(self):
22.          if(self.moving_up== True):
23.              if(self.y>0):
24.                  self.y = self.y - 0.5
25.      def move_down(self):
26.          if (self.moving_down == True):
27.              if(self.y<400):
28.                  self.y = self.y + 0.5
29.      def move_left(self):
30.          if (self.moving_left == True):
31.              if(self.x>0):
32.                  self.x = self.x - 0.5
33.      def move_right(self):
34.          if (self.moving_right == True):
35.              if(self.x<270):
36.                  self.x = self.x + 0.5
37.      def play_sy(self):
38.          self.sy.play()
39.  def Event(fj):
40.      for event in pygame.event.get():
41.          if event.type == pygame.QUIT:
42.              sys.exit()
43.          elif event.type == pygame.KEYDOWN:
```

```
44.              if event.key == pygame.K_RIGHT:
45.                  fj.moving_right = True
46.              elif event.key == pygame.K_LEFT:
47.                  fj.moving_left = True
48.              elif event.key == pygame.K_UP:
49.                  fj.moving_up  =True
50.              elif event.key == pygame.K_DOWN:
51.                  fj.moving_down = True
52.              elif event.key == pygame.K_SPACE:
53.                  if(len(bullet_list) < 10):
54.                      b = Bullet(fj)
55.                      b.play_sy()
56.                      bullet_list.append(b)
57.          elif event.type == pygame.KEYUP:
58.              if event.key == pygame.K_RIGHT:
59.                  fj.moving_right = False
60.              if event.key == pygame.K_LEFT:
61.                  fj.moving_left = False
62.              if event.key == pygame.K_UP:
63.                  fj.moving_up = False
64.              if event.key == pygame.K_DOWN:
65.                  fj.moving_down = False
66.      fj.move_right()
67.      fj.move_left()
68.      fj.move_up()
69.      fj.move_down()
70. class Enemy:
71.      def __init__(self,x1,y1):
72.          self.x = x1
73.          self.y = y1
74.          self.img = pygame.image.load(r"enemy.png").convert_alpha()
75.          self.sy = pygame.mixer.Sound(r"me_down.wav")
76.          self.sy.set_volume(0.5)
77.      def play_sy(self):
78.          self.sy.play()
79.      def move_down(self):
80.          if(self.y<450):
81.              self.y = self.y + 0.1
82.          else:
```

```
83.                del self
84.   def Me_enemy_impact(d_list,fj):
85.       for d in d_list:
86.           if((fj.x+78)>d.x and fj.x<(d.x+57)):
87.               if((fj.y+50)>d.y and fj.y<(d.y+43)):
88.                   if(fj.blood > 0):
89.                       fj.blood = fj.blood - 1
90.                   fj.play_sy()
91.                   d_list.remove(d)
92.   class Bullet:
93.       def __init__(self,fj):
94.           self.x = fj.x+36
95.           self.y = fj.y
96.           self.img = pygame.image.load(r"bullet2.png").convert_alpha()
97.           self.sy = pygame.mixer.Sound(r"bullet.wav")
98.           self.sy.set_volume(0.05)
99.       def move_up(self):
100.          if(self.y > 0):
101.              self.y = self.y - 0.2
102.          else:
103.              del self
104.      def play_sy(self):
105.          self.sy.play()
106.  def Attack_enemy(d_list,z_list):
107.      global score
108.      for d in d_list:
109.          for z in z_list:
110.              if(z.x>d.x and z.x<(d.x+57)):
111.                  if(z.y>d.y and z.y<(d.y+43)):
112.                      d_list.remove(d)
113.                      z_list.remove(z)
114.                      d.play_sy()
115.  class Enemy_Bullet:
116.      def __init__(self,fj):
117.          self.x = fj.x+33
118.          self.y = fj.y+40
119.          self.img = pygame.image.load(r"bullet2.png").convert_alpha()
120.          self.sy = pygame.mixer.Sound(r"bullet.wav")
121.          self.sy.set_volume(0.05)
122.      def move_down(self):
```

```
123.          if(self.y < 450):
124.              self.y = self.y + 0.1
125.          else:
126.              del self
127.      def play_sy(self):
128.          self.sy.play()
129. if __name__ == '__main__':
130.     pygame.init()                                        #初始化
131.     screen=pygame.display.set_mode((Screen_x,Screen_y))
132.     pygame.display.set_caption("python 飞机大战 ")
133.     backgroud=pygame.image.load(r"backgroud1.jpg").convert()
134.     screen.blit(backgroud,(0,0))
135.     Plane = Me(122, 400)
136.     while True:
137.         screen.blit(backgroud, (0, 0))                   # 画上背景图
138.         screen.blit(Plane.img, (Plane.x, Plane.y))
139.         if (len(enemy_list) < 8):
140.             dj1 = Enemy(random.randint(0, 320), random.randint(0, 30))
141.             enemy_list.append(dj1)
142.         for i in enemy_list:
143.             i.move_down()
144.             if i.y >420:
145.                 enemy_list.remove(i)
146.             else:
147.                 screen.blit(i.img, (i.x, i.y))
148.         for b in bullet_list:
149.             b.move_up()
150.             if b.y < 10:
151.                 bullet_list.remove(b)
152.             else:
153.                 screen.blit(b.img, (b.x, b.y))
154.         if (len(enemy_bullet_list ) < 2):
155.             s = random.randint(0, len(enemy_list ))
156.             d = Enemy_Bullet(enemy_list [s - 1])
157.             enemy_bullet_list .append(d)
158.         for b in enemy_bullet_list :
159.             b.move_down()
160.             if b.y > 420:
161.                 enemy_bullet_list .remove(b)
162.             else:
163.                 b.move_down()
```

```
164.          screen.blit(b.img, (b.x, b.y))
165.          Me_enemy_impact(enemy_list, Plane)
166.          Attack_enemy(enemy_list, bullet_list)
167.          pygame.display.update()          # 刷新画面
168.          Event(Plane)
```

【代码解析】

第 115 ～ 128 行：添加敌机子弹类 Enemy_Bullet。

第 116 ～ 121 行：添加子弹属性，包括坐标、图片、声音、大小。

第 122 ～ 126 行：添加子弹运动函数。

第 127 ～ 128 行：添加声音播放函数。

第 154 ～ 157 行：在主循环中，判断敌机子弹列表 enemy_bullet_list 的长度，如果小于 2，则在敌机列表中随机选择一架敌机发射子弹，并把该子弹对象放入列表 enemy_bullet_list 中。

第 158 ～ 164 行：遍历敌机子弹列表 enemy_bullet_list，用于把敌机子弹显示在窗口上，如果子弹飞到窗口下方，则把该子弹移除。

【程序运行结果】

程序运行结果如图 15-15 所示，游戏窗口上同时有两架敌机随机发射子弹。

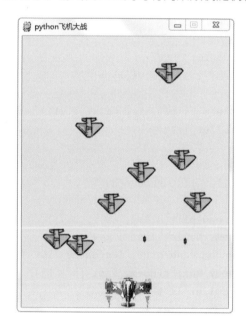

图 15-15　项目 15-9 的程序运行结果

15.5.2　击中红色飞机

与红色飞机的子弹击中敌机一样，当敌机的子弹击中红色飞机时，红色飞机的生命值应该减少。在创建红色飞机时，设置红色飞机的初始生命值为 10，当红色飞机被击中时，其生命值减 1。

【项目 15–10】

红色飞机被击中的处理程序如下，定义 Being_attacked 函数，在【项目 15-9】的 Enemy_Bullet 类后面的第 129 行添加该函数，并在第 166 行后面调用该函数。

```
1.    def Being_attacked(fj, z_list):
2.        for z in z_list:
3.            if (z.x > fj.x and z.x < (fj.x + 78)):
4.                if (z.y > fj.y and z.y < (fj.y + 50)):
5.                    if (fj.blood > 0):
6.                        fj.blood = fj.blood - 1
7.                        print("blood:",fj.blood)
8.                    z_list.remove(z)
```

【代码解析】

带 1～8 行：定义函数 Being_attacked，用于处理红色飞机被击中的事件。

第 2 行：遍历敌机子弹列表中的所有子弹。

第 3、4 行：判断所有子弹是否击中红色飞机。

第 5～8 行：如果击中，并且红色飞机的生命值大于 1，则把生命值减 1 并将该子弹从子弹列表移除。

【程序运行结果】

程序运行结果如图 15-16 所示，PyCharm 输出窗口中显示红色飞机中弹及生命值减少的信息。

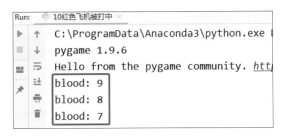

图 15-16　显示红色飞机中弹的信息

15.6　积分和生命值的字体设置与显示

在一个完整的飞机大战游戏中，红色飞机每击中一架敌机，就会增加 100 积分。同样地，如果红色飞机被敌机击中，生命值就会减 1，当其生命值为 0 时，游戏结束。

15.6.1　font 类的设置

　　游戏一开始，积分和生命值就显示在游戏窗口的上方，左上方显示积分，右上方显示生命值。字符信息的显示需要用到 pygame 模块中的 font 类。通过 font 类的 SysFont 函数设置字体和大小；通过 font 类的 render 函数设置字符的显示位置和颜色。

15.6.2　积分和生命值的显示

　　当红色飞机的生命值为 0 时，游戏结束。游戏结束后，游戏界面显示用户的积分，2 秒钟后，退出游戏。

【项目 15-11】

　　完整程序如下，只需在【项目 15-9】和【项目 15-10】的基础上添加加粗部分的程序代码即可。

```
1.   import pygame
2.   import sys
3.   import random
4.   import time
5.   screenx = 360
6.   screeny = 460
7.   enemy_list = []
8.   bullet_list = []
9.   enemy_bullet_list = []
10.  score = 0
11.  Flag = True
12.  class Me:
13.      def __init__(self,x1,y1):
14.          self.x = x1
15.          self.y = y1
16.          self.img = pygame.image.load(r"me.png").convert_alpha()
17.          self.sy = pygame.mixer.Sound(r"me_down.wav")
18.          self.sy.set_volume(0.5)
19.          self.moving_left = False
20.          self.moving_right = False
21.          self.moving_up = False
22.          self.moving_down = False
23.          self.blood = 10
24.      def move_up(self):
25.          if(self.moving_up== True):
26.              if(self.y>0):
27.                  self.y = self.y - 0.5
```

```
28.      def move_down(self):
29.          if (self.moving_down == True):
30.              if(self.y<400):
31.                  self.y = self.y + 0.5
32.      def move_left(self):
33.          if (self.moving_left == True):
34.              if(self.x>0):
35.                  self.x = self.x - 0.5
36.      def move_right(self):
37.          if (self.moving_right == True):
38.              if(self.x<270):
39.                  self.x = self.x + 0.5
40.      def play_sy(self):
41.          self.sy.play()
42.  def Event(fj):
43.      for event in pygame.event.get():
44.          if event.type == pygame.QUIT:
45.              sys.exit()
46.          elif event.type == pygame.KEYDOWN:
47.              if event.key == pygame.K_RIGHT:
48.                  fj.moving_right = True
49.              elif event.key == pygame.K_LEFT:
50.                  fj.moving_left = True
51.              elif event.key == pygame.K_UP:
52.                  fj.moving_up  =True
53.              elif event.key == pygame.K_DOWN:
54.                  fj.moving_down = True
55.              elif event.key == pygame.K_SPACE:
56.                  if(len(bullet_list) < 10):
57.                      b = Bullet(fj)
58.                      b.play_sy()
59.                      bullet_list.append(b)
60.          elif event.type == pygame.KEYUP:
61.              if event.key == pygame.K_RIGHT:
62.                  fj.moving_right = False
63.              if event.key == pygame.K_LEFT:
64.                  fj.moving_left = False
65.              if event.key == pygame.K_UP:
66.                  fj.moving_up = False
```

```
67.              if event.key == pygame.K_DOWN:
68.                  fj.moving_down = False
69.          fj.move_right()
70.          fj.move_left()
71.          fj.move_up()
72.          fj.move_down()
73.  class Enemy:
74.      def __init__(self,x1,y1):
75.          self.x = x1
76.          self.y = y1
77.          self.img = pygame.image.load(r"enemy.png").convert_alpha()
78.          self.sy = pygame.mixer.Sound(r"me_down.wav")
79.          self.sy.set_volume(0.5)
80.      def play_sy(self):
81.          self.sy.play()
82.      def move_down(self):
83.          if(self.y<450):
84.              self.y = self.y + 0.1
85.          else:
86.              del self
87.  def Me_enemy_impact(d_list,fj):
88.      global Flag
89.      for d in d_list:
90.          if((fj.x+78)>d.x and fj.x<(d.x+57)):
91.              if((fj.y+50)>d.y and fj.y<(d.y+43)):
92.                  if(fj.blood > 0):
93.                      fj.blood = fj.blood - 1
94.                  else:
95.                      Flag = False
96.                  fj.play_sy()
97.                  d_list.remove(d)
98.  class Bullet:
99.      def __init__(self,fj):
100.         self.x = fj.x+36
101.         self.y = fj.y
102.         self.img = pygame.image.load(r"bullet2.png").convert_alpha()
103.         self.sy = pygame.mixer.Sound(r"bullet.wav")
104.         self.sy.set_volume(0.05)
105.     def move_up(self):
```

```
106.          if(self.y > 0):
107.              self.y = self.y - 0.2
108.          else:
109.              del self
110.      def play_sy(self):
111.          self.sy.play()
112. def Attack_enemy(d_list,z_list):
113.      global score
114.      for d in d_list:
115.          for z in z_list:
116.              if(z.x>d.x and z.x<(d.x+57)):
117.                  if(z.y>d.y and z.y<(d.y+43)):
118.                      d_list.remove(d)
119.                      z_list.remove(z)
120.                      score = score + 100
121.                      d.play_sy()
122. class Enemy_Bullet:
123.      def __init__(self,fj):
124.          self.x = fj.x+33
125.          self.y = fj.y+40
126.          self.img = pygame.image.load(r"bullet2.png").convert_alpha()
127.          self.sy = pygame.mixer.Sound(r"bullet.wav")
128.          self.sy.set_volume(0.05)
129.      def move_down(self):
130.          if(self.y < 450):
131.              self.y = self.y + 0.1
132.          else:
133.              del self
134.      def play_sy(self):
135.          self.sy.play()
136. def Being_attacked(fj, z_list):
137.      global Flag
138.      for z in z_list:
139.          if (z.x > fj.x and z.x < (fj.x + 78)):
140.              if (z.y > fj.y and z.y < (fj.y + 50)):
141.                  if (fj.blood > 0):
142.                      fj.blood = fj.blood - 1
143.                      print("blood:",fj.blood)
144.                  else:
```

```
145.                    Flag = False
146.                    z_list.remove(z)
147. if __name__ == '__main__':
148.     pygame.init()
149.     font = pygame.font.SysFont('arial', 20)
150.     screen=pygame.display.set_mode((Screen_x,Screen_y))
151.     pygame.display.set_caption("python 飞机大战 ")
152.     backgroud=pygame.image.load(r"background1.jpg").convert()
153.     screen.blit(backgroud,(0,0))
154.     Plane = Me(122, 400)
155.     while Flag:
156.         screen.blit(backgroud, (0, 0))
157.         screen.blit(Plane.img, (Plane.x, Plane.y))
158.         if (len(enemy_list) < 8):
159.             dj1 = Enemy(random.randint(0, 320), random.randint(0, 30))
160.             enemy_list.append(dj1)
161.         for i in enemy_list:
162.             i.move_down()
163.             if i.y >420:
164.                 enemy_list.remove(i)
165.             else:
166.                 screen.blit(i.img, (i.x, i.y))
167.         for b in bullet_list:
168.             b.move_up()
169.             if b.y < 10:
170.                 bullet_list.remove(b)
171.             else:
172.                 screen.blit(b.img, (b.x, b.y))
173.         if (len(enemy_bullet_list ) < 2):
174.             s = random.randint(0, len(enemy_list ))
175.             d = Enemy_Bullet(enemy_list [s - 1])
176.             enemy_bullet_list .append(d)
177.         for b in enemy_bullet_list :
178.             b.move_down()
179.             if b.y > 420:
180.                 enemy_bullet_list .remove(b)
181.             else:
182.                 b.move_down()
183.                 screen.blit(b.img, (b.x, b.y))
```

```
184.        Me_enemy_impact(enemy_list, Plane)
185.        Attack_enemy(enemy_list, bullet_list)
186.        Being_attacked(Plane,enemy_bullet_list)
187.        text1 = font.render("Score : %s" % str(score), True, (100, 150, 200))
188.        screen.blit(text1, (10, 5))
189.        text2 = font.render("Blood : %s" % str(Plane.blood), True, (100, 150, 200))
190.        screen.blit(text2, (230, 5))
191.        pygame.display.update()
192.        Event(Plane)
193.    screen.blit(backgroud, (0, 0))
194.    text1 = font.render("Scrose : %s" % str(score), True, (100, 150, 200))
195.    screen.blit(text1, (100, 200))
196.    pygame.display.update()
197.    time.sleep(2)
198.    sys.exit()
```

【代码解析】

第 4 行：导入 time 模块。

第 10 行：定义全局变量 score，初始值为 0。

第 11 行：定义全局变量 Flag，初始值为 True。

第 88 行：使用 global 声明全局变量 Flag。

第 94、95 行：当生命值为 0 时，设置 Flag 为 False。

第 113 行：使用 global 声明全局变量 score。

第 120 行：当击中敌机时，积分增加 100。

第 137 行：使用 global 声明全局变量 Flag。

第 144、145 行：当生命值为 0 时，设置 Flag 为 False。

第 149 行：设置显示字体为 arial，大小为 20。

第 155 行：进入无限循环。

第 187 行：显示积分信息，设置字体颜色为 rgb 格式（200,0,0），红色。

第 188 行：在游戏窗口中显示积分信息，坐标为（10,5），在左上方。

第 189 行：显示生命值信息，设置字体颜色为 rgb 格式（0,0,200），蓝色。

第 190 行：在游戏窗口中显示生命值信息，坐标为（230,5），在右上方。

第 193 ～ 198 行：当生命值为 0 时，显示积分信息，2 秒钟后退出游戏。

【程序运行结果】

程序运行结果如图 15-17 所示，游戏开始时积分为 0，显示在游戏窗口左上方；生命值为 10，显示在游戏窗口右上方。

程序运行中，每打中一架敌机，积分就增加 100，被敌机碰撞一次或者被敌机子弹击中，红色飞机的生命值就减少 1，如图 15-18 所示。

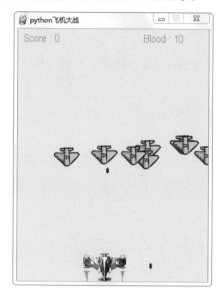

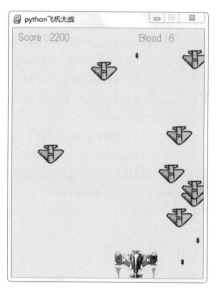

图 15-17　游戏开始时的界面信息　　　　图 15-18　游戏运行中的界面信息

当生命值为 0 时，程序退出循环，在窗口中间位置显示积分，两秒钟后游戏结束，如图 15-19 所示。

图 15-19　游戏结束时的界面信息

总结与练习

【本章小结】

本章通过 pygame 模块完成了飞机大战游戏编程，先后创建了红色飞机类、红色飞机的子弹类、敌机类、敌机子弹类，通过判断按键是否被按下，控制飞机运动与子弹的发射。在游戏编程中，大量使用判断语句、循环语句及它们之间的嵌套；还使用列表来存放对象，通过遍历列表实现对对象的操作。本章的项目实战，综合运用了本书的绝大部分知识，读者一定要认真学习并理解本项目的程序代码，在理解的基础上能够根据自己的想法修改、优化部分程序，这对提高自己的编程能力是非常有用的。

【巩固练习】

优化本项目的程序，增加敌机的种类。当玩家得分超过 1000 分时，出现其他种类的敌机，该敌机需要被击中 2 次才会被击落。

● 目标要求

通过该练习，熟练掌握创建类的编程方式，学会优化修改成熟的项目。

● 编程提示

（1）上网收集飞机图片。

（2）复制敌机类的程序，修改导入图片的程序，导入收集的飞机图片。

（3）给敌机类添加一个生命值的属性，初始值为2，被红色飞机的子弹击中1次，生命值减1；当生命值为0时，把该敌机从敌机列表中移除。